메가스터디 **중학수학**

1일 1개념 드릴북

1·2

이 책의 활용법

"반복하여 연습하면 자신감이 생깁니다!"

중1-2 필수 개념 52개 각각에 대하여 "1일 1개념"의 2쪽을 공부한 후, "1일 1개념 드릴북"의 2쪽으로 반복 연습합니다.

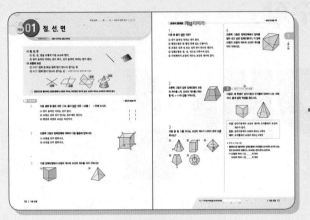

"1일 1개념"으로
1개념 2쪽 학습

+

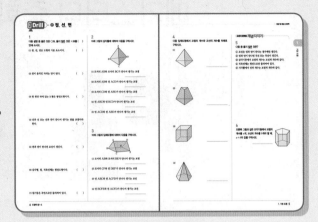

"1일 1개념 드릴북"으로
1개념 2쪽 반복 학습

개념을 더욱 완벽하게!

 이런 학생에게 "드릴북"을 추천합니다!

✓ "1일 1개념" 공부를 마친 후, **계산력과 개념 이해력을 더욱 강화**하고 싶다!
✓ "1일 1개념" 공부를 마친 후, 추가 공부할 **나만의 숙제가 필요**하다!

이 책의 차례

스스로 체크하는 학습 달성도

아래의 ⑴, ⑵, ⑶, …은 공부한 개념의 번호입니다.
개념에 대한 공부를 마칠 때마다 해당하는 개념의 번호를 색칠하면서 전체 공부할 분량 중 어느 정도를 공부했는지를
스스로 확인해 보세요.

① 기본 도형

| 01 | 02 | 03 | 04 | 05 | 06 | 07 | 08 | 09 | 10 | 11 |

| 12 | 13 |

② 작도와 합동

| 14 | 15 | 16 | 17 | 18 | 19 | 20 | 21 | 22 |

③ 평면도형

| 23 | 24 | 25 | 26 | 27 | 28 | 29 | 30 | 31 | 32 | 33 |

④ 입체도형

| 34 | 35 | 36 | 37 | 38 | 39 | 40 | 41 | 42 | 43 | 44 |

⑤ 자료의 정리와 해석

| 45 | 46 | 47 | 48 | 49 | 50 | 51 | 52 |

1

다음 설명 중 옳은 것은 ○표, 옳지 않은 것은 ×표를 ( ) 안에 쓰시오.

(1) 점, 선, 면은 도형의 기본 요소이다. ( )

(2) 점이 움직인 자리는 면이 된다. ( )

(3) 한 평면 위에 있는 도형은 평면도형이다. ( )

(4) 선과 선 또는 선과 면이 만나서 생기는 점을 교점이라 한다. ( )

(5) 면과 면이 만나면 교선이 생긴다. ( )

(6) 삼각형, 원, 직육면체는 평면도형이다. ( )

(7) 원기둥은 곡면으로만 둘러싸여 있다. ( )

2

아래 그림의 삼각뿔에 대하여 다음을 구하시오.

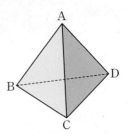

(1) 모서리 AB와 모서리 BC가 만나서 생기는 교점

_____

(2) 모서리 AB와 면 ACD가 만나서 생기는 교점

_____

(3) 모서리 CD와 면 ABD가 만나서 생기는 교점

_____

(4) 면 ABC와 면 BCD가 만나서 생기는 교선

_____

(5) 면 ACD와 면 ABD가 만나서 생기는 교선

_____

3

아래 그림의 입체도형에 대하여 다음을 구하시오.

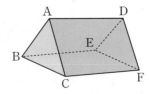

(1) 모서리 AB와 모서리 BE가 만나서 생기는 교점

_____

(2) 모서리 CF와 면 DEF가 만나서 생기는 교점

_____

(3) 면 ABC와 면 ACFD가 만나서 생기는 교선

_____

(4) 면 BCFE와 면 ACFD가 만나서 생기는 교선

_____

4

다음 입체도형에서 교점의 개수와 교선의 개수를 차례로 구하시오.

(1)

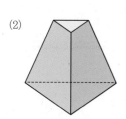

_____

(2)

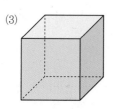

_____

(3)

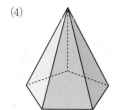

_____

(4)

_____

교과서 문제로 개념다지기

5

다음 중 옳지 <u>않은</u> 것은?

① 교선은 면과 면이 만나는 경우에만 생긴다.

② 면과 면이 만나면 직선 또는 곡선이 생긴다.

③ 삼각기둥에서 교점의 개수는 교선의 개수와 같다.

④ 직육면체는 평면으로만 둘러싸여 있다.

⑤ 사각뿔에서 면의 개수는 교점의 개수와 같다.

6

오른쪽 그림과 같은 오각기둥에서 교점의 개수를 a개, 교선의 개수를 b개라 할 때, $a+b$의 값을 구하시오.

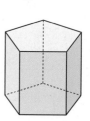

_____

1

다음을 기호로 나타내시오.

(1) M •————————• N _____

(2) M •————•———→ N _____

(3) ←————•————•—— M   N _____

(4) ←————•————•——→ M   N _____

2

다음 기호를 그림으로 나타내시오.

(1) $\overleftrightarrow{PQ}$

(2) $\overline{PR}$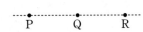

(3) $\overrightarrow{PQ}$

(4) $\overrightarrow{QP}$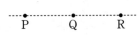

(5) $\overrightarrow{QR}$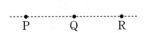

3

아래 그림과 같이 직선 l 위에 네 점 A, B, C, D가 있다. 다음 ◯ 안에 ＝또는 ≠ 중 알맞은 것을 쓰시오.

(1) $\overline{AB}$ ◯ $\overline{BC}$

(2) $\overleftrightarrow{AB}$ ◯ $\overleftrightarrow{BC}$

(3) $\overrightarrow{AB}$ ◯ $\overrightarrow{BC}$

(4) $\overleftrightarrow{AB}$ ◯ $\overleftrightarrow{AC}$

(5) $\overrightarrow{AB}$ ◯ $\overrightarrow{AC}$

(6) $\overrightarrow{BA}$ ◯ $\overrightarrow{BC}$

(7) $\overline{AC}$ ◯ $\overline{CA}$

(8) $\overrightarrow{AC}$ ◯ $\overrightarrow{CA}$

4

아래 그림과 같이 직선 l 위에 세 점 A, B, C가 있을 때, 다음 중 직선 l을 나타내는 것으로 옳지 <u>않은</u> 것을 모두 고르면? (정답 2개)

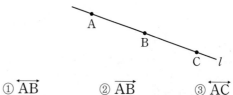

① $\overleftrightarrow{AB}$ ② $\overrightarrow{AB}$ ③ $\overrightarrow{AC}$
④ $\overrightarrow{BC}$ ⑤ $\overline{AC}$

5

오른쪽 그림과 같이 원 위에 네 점 A, B, C, D가 있다. 이 중에서 두 점을 이용하여 그을 수 있는 서로 다른 직선의 개수를 a개, 반직선의 개수를 b개라 할 때, $a+b$의 값을 구하시오.

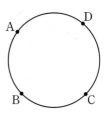

 **⑬ 두 점 사이의 거리 / 선분의 중점**

1

아래 그림을 보고, 다음을 구하시오.

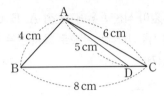

(1) 두 점 A, B 사이의 거리

_____

(2) 두 점 A, C 사이의 거리

_____

(3) 두 점 A, D 사이의 거리

_____

(4) 두 점 B, C 사이의 거리

_____

2

아래 그림을 보고, 다음을 구하시오.

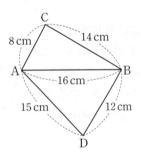

(1) 두 점 A, B 사이의 거리

_____

(2) 두 점 A, C 사이의 거리

_____

(3) 두 점 B, C 사이의 거리

_____

(4) 두 점 B, D 사이의 거리

_____

3

아래 그림에서 $\overline{AB}$의 중점을 M, $\overline{MB}$의 중점을 N이라 할 때, 다음 □ 안에 알맞은 수를 쓰시오.

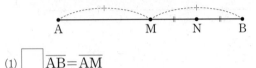

(1) $\boxed{}\,\overline{AB}=\overline{AM}$

(2) $\overline{AB}=\boxed{}\,\overline{MB}$

(3) $\overline{MB}=\boxed{}\,\overline{MN}$

(4) $\overline{MN}=\boxed{}\,\overline{MB}$

(5) $\overline{MN}=\boxed{}\,\overline{AB}$

4

아래 그림에서 점 M이 $\overline{AB}$의 중점일 때, 다음 ☐ 안에 알맞은 수를 쓰시오.

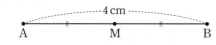

(1) $\overline{AB}=\boxed{}\overline{AM}=\boxed{}\overline{BM}$

(2) $\overline{AM}=\boxed{}\overline{AB}=\boxed{}$ (cm)

(3) $\overline{BM}=\boxed{}$ cm

5

아래 그림에서 점 M은 $\overline{AB}$의 중점이고, 점 N은 $\overline{MB}$의 중점이다. $\overline{AB}=8$ cm일 때, 다음을 구하시오.

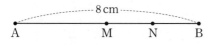

(1) $\overline{AM}$의 길이

_____

(2) $\overline{MN}$의 길이

_____

(3) $\overline{AN}$의 길이

_____

6

아래 그림에서 두 점 M, N은 $\overline{AB}$의 삼등분점이다. 다음 중 옳지 <u>않은</u> 것은?

① $\overline{AM}=\overline{NB}$ ② $\overline{AM}=\dfrac{1}{2}\overline{AN}$

③ $\overline{AN}=\overline{MB}$ ④ $\overline{AN}=3\overline{NB}$

⑤ $\overline{AN}=\dfrac{2}{3}\overline{AB}$

7

다음 그림에서 두 점 M, N은 각각 $\overline{AB}$, $\overline{BC}$의 중점이고 $\overline{MN}=6$ cm일 때, $\overline{AC}$의 길이는?

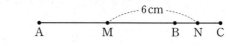

① 8 cm ② 10 cm ③ 12 cm
④ 14 cm ⑤ 16 cm

1

다음 그림에서 ∠a, ∠b를 각각 점 A, B, C를 사용하여 나타낼 때, □ 안에 알맞은 것을 쓰시오.

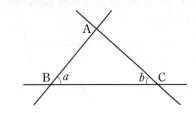

(1) ∠a= [ ] = [ ]

(2) ∠b= [ ] = [ ]

2

다음 각을 예각, 직각, 둔각, 평각으로 분류하시오.

(1) 45°

_____

(2) 90°

_____

(3) 75°

_____

(4) 115°

_____

(5) 180°

_____

(6) 100°

_____

3

아래 그림에서 다음 각을 예각, 직각, 둔각, 평각으로 분류하시오.

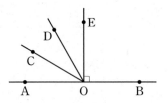

(1) ∠AOB

_____

(2) ∠AOE

_____

(3) ∠AOC

_____

(4) ∠COD

_____

(5) ∠BOC

_____

(6) ∠DOE

_____

(7) ∠BOD

_____

4

아래 그림에서 다음 각을 예각, 직각, 둔각, 평각으로 분류
하시오.

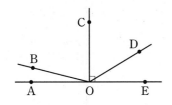

(1) ∠AOB

_____

(2) ∠AOC

_____

(3) ∠AOE

_____

(4) ∠BOC

_____

(5) ∠BOE

_____

(6) ∠COE

_____

(7) ∠DOA

_____

5

다음 그림에서 ∠x의 크기는?

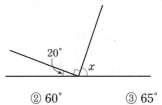

① 55°   ② 60°   ③ 65°

④ 70°   ⑤ 75°

6

다음 그림에서 x의 값은?

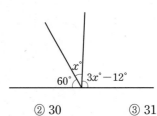

① 29   ② 30   ③ 31

④ 32   ⑤ 33

1

아래 그림에서 다음 각의 맞꼭지각을 구하시오.

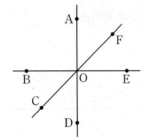

(1) ∠AOB

_____

(2) ∠AOF

_____

(3) ∠FOE

_____

(4) ∠AOE

_____

(5) ∠AOC

_____

2

아래 그림에서 다음 각의 크기를 구하시오.

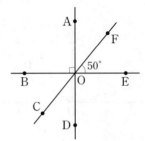

(1) ∠BOC

_____

(2) ∠COD

_____

(3) ∠DOE

_____

(4) ∠AOC

_____

(5) ∠COE

_____

3

다음 그림에서 ∠x의 크기를 구하시오.

(1)

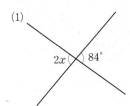

_____

(2)

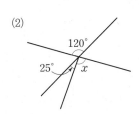

_____

4

다음 그림에서 ∠x, ∠y의 크기를 각각 구하시오.

(1)

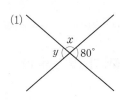

_____

(2)

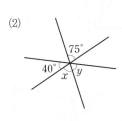

_____

(3)

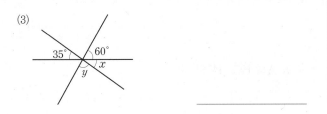

_____

5

다음 그림에서 $x - y$의 값은?

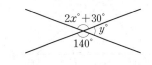

① 10 ② 15 ③ 20
④ 25 ⑤ 30

6

다음 그림에서 x의 값은?

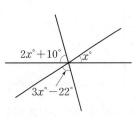

① 30 ② 31 ③ 32
④ 33 ⑤ 34

1

아래 그림에 대하여 다음 물음에 답하시오.

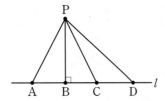

(1) 선분 AD와 선분 PB의 관계를 기호로 나타내시오.

_____

(2) 점 P에서 직선 l에 내린 수선의 발을 구하시오.

_____

(3) 점 P와 직선 l 사이의 거리를 나타내는 선분을 구하시오.

_____

2

아래 그림에 대하여 다음 물음에 답하시오.

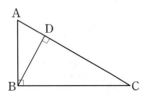

(1) 점 A에서 선분 BC에 내린 수선의 발을 구하시오.

_____

(2) 점 C와 선분 AB 사이의 거리를 나타내는 선분을 구하시오.

_____

(3) 점 B와 선분 AC 사이의 거리를 나타내는 선분을 구하시오.

_____

3

아래 그림과 같은 삼각형 ABC에서 다음을 구하시오.

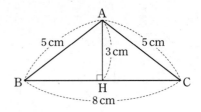

(1) 점 A에서 $\overline{BC}$에 내린 수선의 발

_____

(2) $\overline{BC}$와 수직인 선분

_____

(3) 점 A와 $\overline{BC}$ 사이의 거리

_____

4

아래 그림과 같은 사다리꼴 ABCD에서 다음을 구하시오.

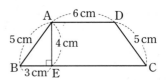

(1) 점 A에서 $\overline{BC}$에 내린 수선의 발

_____

(2) $\overline{BC}$와 수직인 선분

_____

(3) 점 A와 $\overline{BC}$ 사이의 거리

_____

교과서 문제로 개념 다지기

5

아래 그림과 같이 직선 AB와 직선 CD가 서로 수직이고 $\overline{AH}=\overline{BH}$일 때, 다음 중 옳지 <u>않은</u> 것은?

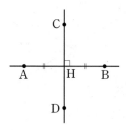

① $\overleftrightarrow{AB} \perp \overleftrightarrow{CD}$

② $\angle AHC = 90°$

③ $\overleftrightarrow{CD}$는 $\overline{AB}$의 수직이등분선이다.

④ 점 D에서 $\overleftrightarrow{AB}$에 내린 수선의 발은 점 H이다.

⑤ 점 B와 $\overleftrightarrow{CD}$ 사이의 거리는 $\overline{BC}$의 길이이다.

6

아래 그림과 같은 사다리꼴 ABCD에 대한 설명으로 다음 중 옳은 것은?

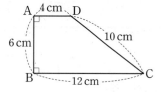

① $\overline{AB}$와 $\overline{AD}$의 교점은 점 B이다.

② $\overline{AB}$와 $\overline{CD}$는 직교한다.

③ $\overline{AD}$의 수선은 $\overline{BC}$이다.

④ 점 D에서 $\overline{AB}$에 내린 수선의 발은 점 B이다.

⑤ 점 A와 $\overline{BC}$ 사이의 거리는 6 cm이다.

1

아래 그림에서 다음을 구하시오.

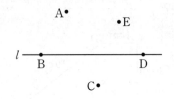

(1) 직선 l 위에 있는 점

_____

(2) 직선 l 위에 있지 않은 점

_____

2

아래 그림에서 다음을 구하시오.

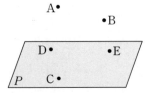

(1) 평면 P 위에 있는 점

_____

(2) 평면 P 위에 있지 않은 점

_____

3

아래 그림의 6개의 점 A, B, C, D, E, F에 대하여 다음 설명 중 옳은 것은 ○표, 옳지 <u>않은</u> 것은 ×표를 (   ) 안에 쓰시오.

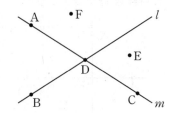

(1) 점 A는 직선 l 위에 있다.   (   )

(2) 점 C는 직선 m 밖에 있다.   (   )

(3) 직선 l은 점 E를 지나지 않는다.   (   )

(4) 직선 m은 두 점 A, D를 지난다.   (   )

(5) 점 F는 직선 l 위에 있다.   (   )

(6) 점 D는 두 직선 l, m 위에 동시에 있다.   (   )

4

아래 그림과 같은 직육면체에서 다음을 구하시오.

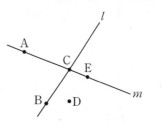

(1) 꼭짓점 A를 지나는 모서리

_____

(2) 꼭짓점 G를 지나는 모서리

_____

(3) 모서리 AB 위에 있는 꼭짓점

_____

(4) 면 EFGH 위에 있는 꼭짓점

_____

(5) 모서리 GH 위에 있는 꼭짓점

_____

(6) 면 CGHD 위에 있는 꼭짓점

_____

교과서 문제로 **개념 다지기**

5

아래 그림에 대한 설명으로 다음 중 옳지 <u>않은</u> 것은?

① 점 B는 직선 m 위에 있지 않다.
② 점 C는 직선 l 위에 있지 않다.
③ 점 D는 두 직선 l, m 위에 있지 않다.
④ 직선 l은 점 E를 지나지 않는다.
⑤ 직선 m은 점 C를 지난다.

6

오른쪽 그림과 같이 평면 P 위에 직선 l이 있을 때, 다음 중 네 점 A, B, C, D에 대한 설명으로 옳은 것은?

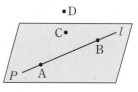

① 직선 l 위에 있지 않은 점은 1개이다.
② 두 점 A, B는 직선 l 위에 있지만 평면 P 위에 있지는 않다.
③ 점 C는 직선 l 위에 있다.
④ 점 C는 평면 P 위에 있다.
⑤ 점 D는 직선 l 위에 있지 않지만 평면 P 위에 있다.

1

아래 그림과 같은 정육각형에서 다음을 구하시오.

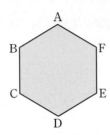

(1) 변 AB와 평행한 변

_____

(2) 변 EF와 평행한 변

_____

(3) 변 AB와 한 점에서 만나는 변

_____

(4) 변 EF와 한 점에서 만나는 변

_____

(5) 교점이 점 D인 두 변

_____

2

아래 그림과 같은 사다리꼴에서 다음을 구하시오.

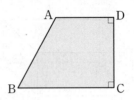

(1) 변 AD와 평행한 변

_____

(2) 변 BC와 수직인 변

_____

(3) 변 AB와 한 점에서 만나는 변

_____

(4) 변 CD와 한 점에서 만나는 변

_____

(5) 교점이 점 A인 두 변

_____

3

아래 그림과 같은 오각형에 대하여 다음 중 옳은 것은 ○표, 옳지 <u>않은</u> 것은 ×표를 ( ) 안에 쓰시오.

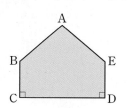

(1) $\overline{AB} /\!/ \overline{ED}$ (   )

(2) $\overline{BC} /\!/ \overline{ED}$ (   )

(3) $\overline{CD} \perp \overline{DE}$ (   )

(4) $\overline{AB} \perp \overline{AE}$ (   )

(5) $\overline{BC} \perp \overline{CD}$ (   )

(6) $\overline{BC} \perp \overline{AB}$ (   )

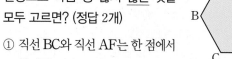

4

오른쪽 그림과 같은 정육각형에 대한 설명으로 다음 중 옳지 <u>않은</u> 것을 모두 고르면? (정답 2개)

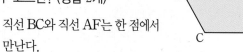

① 직선 BC와 직선 AF는 한 점에서 만난다.
② 직선 AB와 직선 DE는 만나지 않는다.
③ 직선 AB와 직선 CD는 교점이 무수히 많다.
④ 변 EF와 한 점에서 만나는 변은 변 BC이다.
⑤ 직선 CD와 직선 AF는 평행하다.

5

한 평면 위에 있는 서로 다른 세 직선 l, m, n에 대하여 $l /\!/ m$, $m \perp n$일 때, 두 직선 l과 n의 위치 관계는?

① 일치한다.
② 직교한다.
③ 평행하다.
④ 만나지 않는다.
⑤ 꼬인 위치에 있다.

1

아래 그림과 같은 삼각기둥에서 다음을 구하시오.

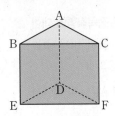

(1) 모서리 AB와 한 점에서 만나는 모서리

_____

(2) 모서리 AB와 평행한 모서리

_____

(3) 모서리 AC와 평행한 모서리

_____

(4) 모서리 AB와 꼬인 위치에 있는 모서리

_____

(5) 모서리 AC와 꼬인 위치에 있는 모서리

_____

2

아래 그림과 같이 밑면이 정육각형인 육각기둥에서 다음을 구하시오.

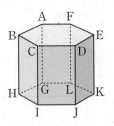

(1) 모서리 AB와 평행한 모서리

_____

(2) 모서리 AF와 평행한 모서리

_____

(3) 모서리 LK와 평행한 모서리

_____

(4) 모서리 AB와 꼬인 위치에 있는 모서리

_____

(5) 모서리 JK와 꼬인 위치에 있는 모서리

_____

3

아래 그림과 같은 직육면체에서 다음 두 모서리의 위치 관계를 말하시오.

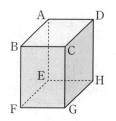

(1) 모서리 AE와 모서리 FG

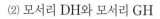

(2) 모서리 DH와 모서리 GH

(3) 모서리 BF와 모서리 EH

(4) 모서리 EF와 모서리 CD

(5) 모서리 AE와 모서리 CG

 교과서 문제로 **개념 다지기**

4

다음 중 오른쪽 그림과 같은 사각뿔에서 모서리 AB와의 위치 관계가 나머지 넷과 <u>다른</u> 하나는?

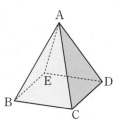

① 모서리 AC
② 모서리 AD
③ 모서리 BC
④ 모서리 BE
⑤ 모서리 CD

5

다음 그림과 같은 삼각기둥에서 모서리 AB와 평행한 모서리의 개수를 a개, 모서리 AB와 꼬인 위치에 있는 모서리의 개수를 b개라 할 때, $a+b$의 값을 구하시오.

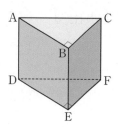

1

아래 그림과 같은 직육면체에서 다음을 구하시오.

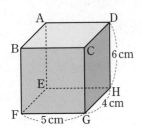

(1) 면 ABCD와 평행한 모서리

_____

(2) $\overline{CD}$를 포함하는 면

_____

(3) $\overline{BF}$와 수직인 면

_____

(4) $\overline{FE}$와 한 점에서 만나는 면

_____

(5) 면 ABCD와 수직인 모서리

_____

(6) 점 F와 면 CGHD 사이의 거리

_____

2

아래 그림과 같이 밑면이 정육각형인 육각기둥에서 다음을 구하시오.

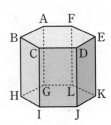

(1) 면 ABCDEF와 평행한 모서리의 개수

_____

(2) 모서리 CD와 평행한 면의 개수

_____

(3) 모서리 BH와 수직인 면의 개수

_____

(4) 모서리 EK와 한 점에서 만나는 면의 개수

_____

(5) 면 CIJD와 평행한 모서리의 개수

_____

(6) 면 ABCDEF와 수직인 모서리의 개수

_____

3

아래 그림과 같은 삼각기둥에서 다음을 구하시오.

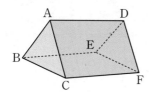

(1) 면 ABC와 한 모서리에서 만나는 면

_____

(2) 면 ABC와 평행한 면

_____

(3) 면 ABC와 수직인 면

_____

(4) 면 ABC와 면 ACFD의 교선

_____

4

아래 그림과 같은 오각기둥에서 다음을 구하시오.

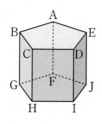

(1) 면 CHID와 평행한 모서리의 개수

_____

(2) 면 ABCDE와 평행한 면의 개수

_____

(3) 면 FGHIJ와 수직인 면의 개수

_____

(4) 면 FGHIJ와 한 모서리에서 만나는 면의 개수

_____

(5) 면 BGHC와 수직인 면의 개수

_____

5

오른쪽 그림은 밑면이 사다리꼴인 사각기둥이다. 모서리 AD와 평행한 면의 개수를 x개, 모서리 CG와 수직인 면의 개수를 y개, 모서리 BF와 꼬인 위치에 있는 모서리의 개수를 z개라 할 때, $x+y+z$의 값을 구하시오.

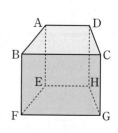

_____

6

오른쪽 그림과 같이 밑면이 정육각형인 육각기둥에서 서로 평행한 두 면은 모두 몇 쌍인지 구하시오.

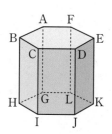

_____

개념 Drill ⑪ **동위각과 엿각**

1

아래 그림과 같이 세 직선이 만날 때, 다음 각의 동위각을 구하시오.

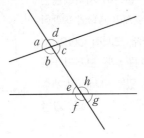

(1) ∠a

_____

(2) ∠b

_____

(3) ∠c

_____

(4) ∠f

_____

(5) ∠h

_____

2

아래 그림과 같이 세 직선이 만날 때, 다음 각의 엿각을 구하시오.

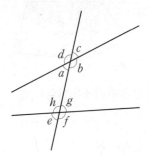

(1) ∠a

_____

(2) ∠b

_____

(3) ∠h

_____

(4) ∠g

_____

3

아래 그림과 같이 세 직선이 만날 때, 다음 □ 안에 알맞은 것을 쓰시오.

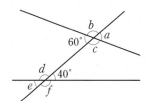

(1) ∠a의 동위각: □°

(2) ∠e의 동위각: □°

(3) ∠f의 동위각: □=□°

(4) ∠d의 엇각: □=□°

(5) ∠c의 엇각: □=□°

4

아래 그림과 같이 세 직선이 만날 때, 다음 □ 안에 알맞은 것을 쓰시오.

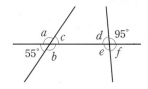

(1) ∠e의 동위각: □°

(2) ∠c의 동위각: □°

(3) ∠a의 동위각: □=□°

(4) ∠d의 엇각: □=□°

(5) ∠e의 엇각: □=□°

5

오른쪽 그림에서 ∠x의 엇각의 크기를 구하시오.

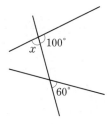

_____

6

오른쪽 그림과 같이 서로 다른 두 직선 l, m이 다른 한 직선과 만날 때, 다음 설명 중 옳지 <u>않은</u> 것은?

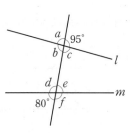

① ∠a의 동위각은 ∠d이다.

② ∠c의 엇각은 ∠d이다.

③ ∠b의 동위각의 크기는 80°이다.

④ ∠e의 엇각의 크기는 85°이다.

⑤ ∠f의 동위각의 크기는 85°이다.

1

다음 그림에서 $l /\!/ m$일 때, $\angle x$의 크기를 구하시오.

(1)

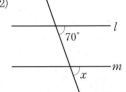

_____

(2)

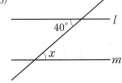

_____

(3)

_____

(4)

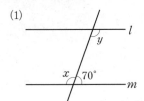

_____

2

다음 그림에서 $l /\!/ m$일 때, $\angle x$, $\angle y$의 크기를 각각 구하시오.

(1)

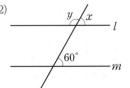

_____

(2)

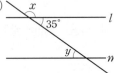

_____

(3)

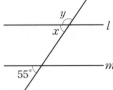

_____

(4)

_____

3

다음 그림에서 두 직선 l, m이 평행하면 ○표, 평행하지 않으면 ×표를 ( ) 안에 쓰시오.

(1)

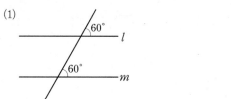

( )

(2)

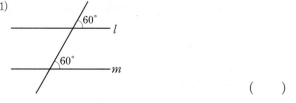

( )

(3)

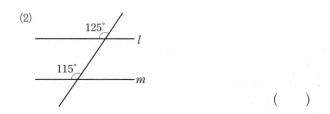

( )

(4)

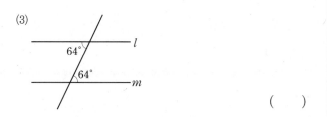

( )

(5)

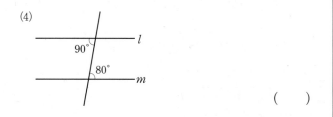

( )

4

다음 중 오른쪽 그림에서 $l /\!/ m$이 되기 위한 조건으로 적절하지 <u>않은</u> 것은?

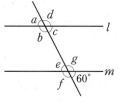

① $\angle a = 60°$

② $\angle b = 120°$

③ $\angle c = 60°$

④ $\angle f = 120°$

⑤ $\angle c + \angle g = 180°$

5

오른쪽 그림에서 $l /\!/ m$일 때, x, y의 값을 각각 구하시오.

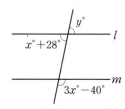

1

다음 그림에서 $l /\!/ n /\!/ m$일 때, $\angle x$, $\angle y$의 크기를 각각 구하시오.

(1)
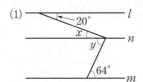

(2)
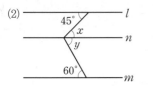

(3)
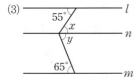

(4)
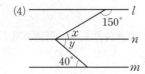

(5)
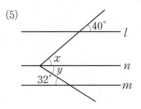

(6)
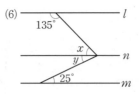

2

다음 그림에서 $l /\!/ p /\!/ q /\!/ m$일 때, $\angle x$, $\angle y$의 크기를 각각 구하시오.

(1)

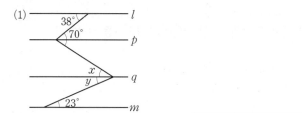

3

오른쪽 그림에서 $l /\!/ m$일 때, $\angle x$의 크기를 구하시오.

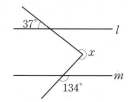

_____

(2)

_____

4

오른쪽 그림에서 $l /\!/ m$일 때, $\angle x$의 크기를 구하시오.

_____

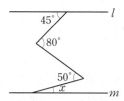

(3)

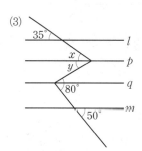

_____

1

다음을 구하시오.

(1) 작도할 때 사용하는 도구

_____

(2) 작도할 때 직선을 긋거나 선분을 연장할 때 사용하는 도구

_____

(3) 작도할 때 선분의 길이를 다른 직선 위에 옮기거나 원을 그릴 때 사용하는 도구

_____

(4) 주어진 선분의 길이를 옮길 때는 컴퍼스를 사용한다.
(   )

(5) 주어진 각의 크기를 잴 때는 각도기를 사용한다.
(   )

(6) 원을 그릴 때는 컴퍼스를 사용한다. (   )

2

작도에 대한 다음 설명 중 옳은 것은 ○표, 옳지 않은 것은 ×표를 ( ) 안에 쓰시오.

(1) 눈금 없는 자와 컴퍼스만을 사용하여 도형을 그리는 것이다. (   )

(2) 선분을 연장할 때는 컴퍼스를 사용한다. (   )

(3) 두 점을 지나는 직선을 그릴 때는 눈금 없는 자를 사용한다. (   )

3

다음 그림은 선분 AB와 길이가 같은 선분 PQ를 작도하는 과정이다. □ 안에 알맞은 것을 쓰시오.

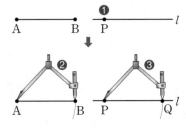

(1) 자로 직선 l을 긋고 그 위에 점 □를 잡는다.

(2) 컴퍼스로 □□의 길이를 잰다.

(3) 점 □를 중심으로 반지름의 길이가 □□인 원을 그려 직선과 교점을 □라 하면 $\overline{AB}=$□□이다.

교과서 문제로 **개념다지기**

4
다음 |보기| 중 작도에 대한 설명으로 옳은 것을 모두 고르시오.

┌ 보기 ┐
ㄱ. 눈금 없는 자와 각도기만을 사용하여 도형을 그리는 것을 작도라 한다.
ㄴ. 두 선분의 길이를 비교할 때는 컴퍼스를 사용한다.
ㄷ. 선분을 연장할 때는 눈금 없는 자를 사용한다.
ㄹ. 두 점을 연결하는 선분을 그릴 때는 컴퍼스를 사용한다.
└────────────────────────────┘

5
아래 그림은 선분 AB를 점 B쪽으로 연장하여 그은 반직선 위에 선분 AB와 길이가 같은 선분 CD를 작도하는 과정이다. 다음 중 작도 순서를 바르게 나열한 것은?

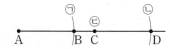

① ㉠ → ㉡ → ㉢
② ㉠ → ㉢ → ㉡
③ ㉡ → ㉠ → ㉢
④ ㉢ → ㉠ → ㉡
⑤ ㉢ → ㉡ → ㉠

6
아래 그림과 같이 선분 AB를 점 B쪽으로 연장하여 길이가 선분 AB의 2배가 되는 선분 AC를 작도할 때, 다음 중 옳지 않은 것은?

① $\overline{AB} = \overline{BC}$
② $\overline{AB} = \frac{1}{2}\overline{AC}$
③ $\overline{AB}$의 길이를 옮길 때는 컴퍼스를 사용한다.
④ 점 B를 중심으로 반지름의 길이가 $\overline{AB}$인 원을 그린다.
⑤ 점 C를 중심으로 반지름의 길이가 $\overline{AB}$인 원을 그린다.

1

다음은 ∠XOY와 크기가 같고 $\overrightarrow{PQ}$를 한 변으로 하는 각을 작도하는 과정이다. □ 안에 알맞은 것을 쓰시오.

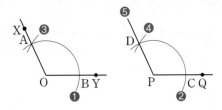

(1) 점 O를 중심으로 □을 그려 $\overrightarrow{OX}$, $\overrightarrow{OY}$와의 교점을 각각 □, □라 한다.

(2) 점 P를 중심으로 $\overline{OA}$의 길이를 반지름으로 하는 원을 그려 □□□와의 교점을 □라 한다.

(3) 컴퍼스를 사용하여 점 □를 중심으로 $\overline{AB}$의 길이를 □□□으로 하는 원을 그려서 $\overline{AB}$의 길이를 잰다.

(4) 점 □를 중심으로 $\overline{AB}$의 길이를 반지름으로 하는 원을 그려 (2)의 원과의 교점을 □라 한다.

(5) $\overrightarrow{PD}$를 그으면 ∠XOY=□□□이다.

2

다음은 크기가 같은 각의 작도를 이용하여 직선 l 밖의 한 점 P를 지나고 직선 l과 평행한 직선을 작도하는 과정이다. □ 안에 알맞은 것을 쓰시오.

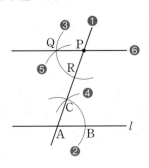

(1) 점 □를 지나는 직선을 그어 직선 l과의 교점을 A라 한다.

(2) 점 A를 중심으로 원을 그려 $\overrightarrow{PA}$, 직선 l과의 교점을 각각 □, □라 한다.

(3) 점 P를 중심으로 □□□의 길이를 반지름으로 하는 원을 그려 $\overrightarrow{PA}$와의 교점을 □라 한다.

(4) 컴퍼스를 사용하여 점 □를 중심으로 $\overline{BC}$의 길이를 반지름으로 하는 원을 그려서 □□□의 길이를 잰다.

(5) 점 □를 중심으로 $\overline{BC}$의 길이를 반지름으로 하는 원을 그려 (3)의 원과의 교점을 □라 한다.

(6) $\overleftrightarrow{PQ}$를 그으면 이 직선은 직선 l과 □□□하다.

교과서 문제로 개념 다지기

3

아래 그림은 ∠XOY와 크기가 같은 각을 $\overrightarrow{PQ}$를 한 변으로 하여 작도한 것이다. 다음 중 옳지 <u>않은</u> 것은?

① $\overline{OA}=\overline{OB}$
② $\overline{OB}=\overline{PC}$
③ $\overline{AB}=\overline{CD}$
④ $\overline{OB}=\overline{CD}$
⑤ $\angle AOB=\angle CPD$

4

아래 그림은 직선 l 밖의 한 점 P를 지나고 직선 l에 평행한 직선 m을 작도한 것이다. 다음 중 옳지 <u>않은</u> 것은?

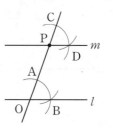

① $\overline{OA}=\overline{OB}$
② $\overline{OA}=\overline{PD}$
③ $\overline{AB}=\overline{PD}$
④ $\overleftrightarrow{OB} /\!/ \overleftrightarrow{PD}$
⑤ $\angle AOB=\angle CPD$

1

아래 그림의 삼각형 DEF에서 다음을 구하시오.

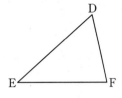

(1) ∠D의 대변

_____

(2) ∠E의 대변

_____

(3) ∠F의 대변

_____

(4) $\overline{DE}$의 대각

_____

(5) $\overline{EF}$의 대각

_____

(6) $\overline{DF}$의 대각

_____

2

아래 그림의 삼각형 ABC에 대하여 다음을 구하시오.

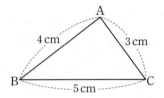

(1) ∠A의 대변의 길이

_____

(2) ∠B의 대변의 길이

_____

(3) ∠C의 대변의 길이

_____

3

아래 그림의 삼각형 DEF에 대하여 다음을 구하시오.

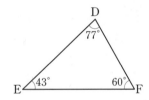

(1) $\overline{DE}$의 대각의 크기

_____

(2) $\overline{EF}$의 대각의 크기

_____

(3) $\overline{DF}$의 대각의 크기

_____

4

세 선분의 길이가 다음과 같을 때, 주어진 세 선분을 이용하여 삼각형을 만들 수 있으면 ○표, 만들 수 없으면 ×표를 ( ) 안에 쓰시오.

(1) 3 cm, 5 cm, 9 cm ( )

(2) 4 cm, 6 cm, 9 cm ( )

(3) 6 cm, 8 cm, 14 cm ( )

(4) 7 cm, 7 cm, 13 cm ( )

(5) 6 cm, 4 cm, 12 cm ( )

(6) 8 cm, 8 cm, 8 cm ( )

5

다음 중 삼각형의 세 변의 길이가 될 수 <u>없는</u> 것을 모두 고르면? (정답 2개)

① 2 cm, 3 cm, 6 cm

② 3 cm, 4 cm, 5 cm

③ 4 cm, 6 cm, 8 cm

④ 5 cm, 5 cm, 10 cm

⑤ 5 cm, 6 cm, 9 cm

6

다음은 삼각형의 세 변의 길이가 5, 12, x일 때, x의 값의 범위를 구하는 과정이다. □ 안에 알맞은 수를 쓰시오.

(ⅰ) 가장 긴 변의 길이가 x일 때

$x < \boxed{} + 12$이므로 $x < \boxed{}$

(ⅱ) 가장 긴 변의 길이가 12일 때

$\boxed{} < 5 + x$이므로 $x > \boxed{}$

따라서 (ⅰ), (ⅱ)에서 구하는 x의 값의 범위는

$\boxed{} < x < \boxed{}$

1

다음과 같이 변의 길이와 각의 크기가 각각 주어졌을 때, △ABC를 아래 그림과 같이 하나로 작도할 수 있는 것은 ○표, 작도할 수 <u>없는</u> 것은 ×표를 (　) 안에 쓰시오.

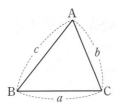

(1)

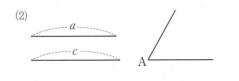

(　　)

(2)

(　　)

(3)

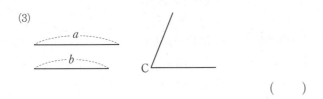

(　　)

(4)

(　　)

2

다음은 세 변의 길이가 주어졌을 때, 삼각형을 작도하는 과정이다. ☐ 안에 알맞은 것을 쓰시오.

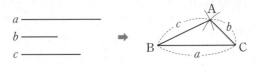

(1) 길이가 a인 ☐를 작도한다.

(2) 점 B를 중심으로 하고 반지름의 길이가 ☐인 원을 그린다.

(3) 점 C를 중심으로 하고 반지름의 길이가 ☐인 원을 그려 (2)의 원과의 교점을 ☐라 한다.

(4) $\overline{AB}$, ☐를 그으면 ☐가 작도된다.

3

다음은 두 변의 길이와 그 끼인각의 크기가 주어졌을 때, 삼각형을 작도하는 과정이다. □ 안에 알맞은 것을 쓰시오.

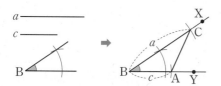

(1) □와 크기가 같은 각 ∠XBY를 작도한다.

(2) 점 B를 중심으로 반지름의 길이가 □인 원을 그려 반직선 BX와의 교점을 □라 한다.

(3) 점 B를 중심으로 반지름의 길이가 □인 원을 그려 반직선 BY와의 교점을 □라 한다.

(4) □를 그으면 △ABC가 작도된다.

4

다음은 한 변의 길이와 그 양 끝 각의 크기가 주어졌을 때, 삼각형을 작도하는 과정이다. □ 안에 알맞은 것을 쓰시오.

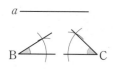 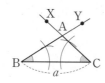

(1) 길이가 a인 □를 작도한다.

(2) ∠B와 크기가 같은 □, ∠C와 크기가 같은 □를 작도한다.

(3) $\overrightarrow{BY}$, $\overrightarrow{CX}$의 교점을 □라 하면 △ABC가 작도된다.

5

아래 그림과 같이 두 변의 길이와 그 끼인각의 크기가 주어질 때, 다음 중 △ABC를 작도하는 순서로 옳지 <u>않은</u> 것은?

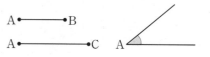

① ∠A → $\overline{AB}$ → $\overline{AC}$ ② $\overline{AB}$ → ∠A → $\overline{AC}$
③ $\overline{AC}$ → ∠A → $\overline{AB}$ ④ $\overline{AC}$ → $\overline{AB}$ → ∠A
⑤ ∠A → $\overline{AC}$ → $\overline{AB}$

6

아래 그림과 같이 한 변의 길이와 그 양 끝 각의 크기가 주어졌을 때, 다음 중 △ABC를 작도하는 순서로 옳지 <u>않은</u> 것은?

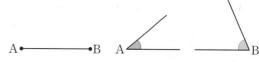

① $\overline{AB}$ → ∠A → ∠B ② $\overline{AB}$ → ∠B → ∠A
③ ∠A → $\overline{AB}$ → ∠B ④ ∠B → $\overline{AB}$ → ∠A
⑤ ∠A → ∠B → $\overline{AB}$

1

다음 중 △ABC가 하나로 정해지는 것은 ○표, 하나로 정해지지 <u>않는</u> 것은 ×표를 (　　) 안에 쓰시오.

(1) $\overline{AB}=3\,cm$, $\overline{BC}=6\,cm$, $\overline{CA}=8\,cm$　　(　　)

(2) $\angle A=40°$, $\angle B=80°$, $\angle C=60°$　　(　　)

(3) $\overline{AB}=5\,cm$, $\overline{BC}=4\,cm$, $\angle A=45°$　　(　　)

(4) $\overline{AB}=6\,cm$, $\angle A=50°$, $\angle B=70°$　　(　　)

(5) $\overline{BC}=9\,cm$, $\overline{CA}=5\,cm$, $\angle C=90°$　　(　　)

(6) $\overline{AB}=4\,cm$, $\overline{BC}=3\,cm$, $\overline{CA}=9\,cm$　　(　　)

(7) $\overline{AB}=5\,cm$, $\overline{AC}=7\,cm$, $\angle A=30°$　　(　　)

(8) $\overline{BC}=4\,cm$, $\angle A=30°$, $\angle C=100°$　　(　　)

(9) $\overline{AB}=6\,cm$, $\overline{BC}=4\,cm$, $\angle A=30°$　　(　　)

2

△ABC에서 $\overline{AB}$와 $\overline{BC}$의 길이가 주어질 때, △ABC가 하나로 정해지기 위해 더 필요한 조건을 구하려고 한다. □ 안에 알맞은 것을 쓰시오.

(1) 세 변의 길이가 주어질 때 △ABC가 하나로 정해지므로 □의 길이에 대한 조건이 더 필요하다.

(2) 두 변의 길이와 그 끼인각의 크기가 주어질 때 △ABC가 하나로 정해지므로 □의 크기에 대한 조건이 더 필요하다.

3

△ABC에서 ∠A의 크기와 $\overline{CA}$의 길이가 주어질 때, △ABC가 하나로 정해지기 위해 더 필요한 조건을 구하려고 한다. □ 안에 알맞은 것을 쓰시오.

(1) 두 변의 길이와 그 끼인각의 크기가 주어질 때 △ABC가 하나로 정해지므로 □의 길이에 대한 조건이 더 필요하다.

(2) 한 변의 길이와 그 양 끝 각의 크기가 주어질 때 △ABC가 하나로 정해지므로 □의 크기 또는 □의 크기에 대한 조건이 더 필요하다

교과서 문제로 **개념 다지기**

4

다음 중 △ABC가 하나로 정해지지 <u>않는</u> 것은?

① $\overline{AB}=5\,cm$, $\overline{BC}=10\,cm$, $\overline{CA}=8\,cm$
② $\overline{AB}=7\,cm$, $\overline{BC}=5\,cm$, ∠A=30°
③ $\overline{AB}=9\,cm$, ∠A=60°, ∠B=50°
④ $\overline{BC}=10\,cm$, $\overline{CA}=6\,cm$, ∠C=30°
⑤ $\overline{BC}=8\,cm$, ∠A=70°, ∠B=50°

5

△ABC에서 $\overline{AB}$와 $\overline{BC}$의 길이가 주어졌을 때, △ABC가 하나로 정해지기 위해 필요한 나머지 한 조건으로 적당한 것을 다음 | 보기 |에서 모두 고르시오.

보기
ㄱ. ∠A ㄴ. ∠B ㄷ. ∠C ㄹ. $\overline{CA}$

1

아래 그림에서 사각형 ABCD와 사각형 EFGH가 합동일 때, 다음 물음에 답하시오.

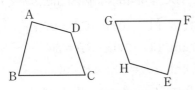

(1) 사각형 EFGH에서 사각형 ABCD의 대응점을 찾으시오.

점 A ⇨ _____, 점 B ⇨ _____
점 C ⇨ _____, 점 D ⇨ _____

(2) 사각형 EFGH에서 사각형 ABCD의 대응변을 찾으시오.

$\overline{AB}$ ⇨ _____, $\overline{BC}$ ⇨ _____
$\overline{CD}$ ⇨ _____, $\overline{DA}$ ⇨ _____

(3) 사각형 EFGH에서 사각형 ABCD의 대응각을 찾으시오.

∠A ⇨ _____, ∠B ⇨ _____
∠C ⇨ _____, ∠D ⇨ _____

2

아래 그림에서 △ABC≡△DEF일 때, 다음을 구하시오.

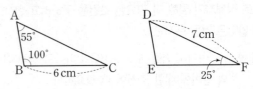

(1) 점 B의 대응점

_____

(2) ∠C의 크기

_____

(3) ∠E의 크기

_____

(4) ∠D의 크기

_____

(5) $\overline{EF}$의 길이

_____

(6) $\overline{AC}$의 길이

_____

3

다음 그림에서 △ABC≡△DEF일 때, x, y, z의 값을 차례로 구하시오.

(1)
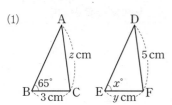

(2)
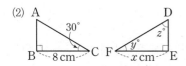

4

다음 그림에서 사각형 ABCD와 사각형 EFGH가 합동일 때, x, y, z의 값을 차례로 구하시오.

(1)
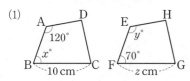

(2)
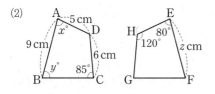

5

아래 그림에서 △ABC≡△FED일 때, 다음 중 옳지 <u>않은</u> 것은?

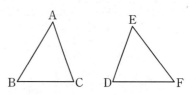

① △ABC와 △FED의 넓이는 같다.
② ∠C와 ∠D의 크기는 같다.
③ $\overline{BC}$의 길이와 $\overline{EF}$의 길이는 같다.
④ 점 B의 대응점은 점 E이다.
⑤ △ABC와 △FED는 완전히 포개어진다.

6

아래 그림의 사각형 ABCD와 사각형 EFGH가 합동일 때, 다음 중 옳지 <u>않은</u> 것은?

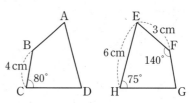

① $\overline{AB}=3\,cm$ ② $\overline{FG}=4\,cm$ ③ ∠B=140°
④ ∠D=80° ⑤ ∠G=80°

1

다음 그림의 두 삼각형이 합동일 때, 합동 조건을 말하시오.

(1)

_____

(2)
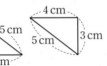

_____

(3)

_____

(4)

_____

(5)

_____

2

아래 그림의 △ABC와 △DEF에서 $\overline{AB}=\overline{DE}$, $\overline{BC}=\overline{EF}$일 때, △ABC≡△DEF가 되기 위해 필요한 조건을 구하려고 한다. □ 안에 알맞은 것을 쓰시오.

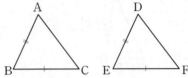

(1) △ABC와 △DEF가 SSS 합동이 되려면 세 변의 길이가 각각 같아야 하므로 $\overline{AC}=$□의 조건이 더 필요하다.

(2) △ABC와 △DEF가 SAS 합동이 되려면 두 변의 길이가 각각 같고, 그 끼인각의 크기가 같아야 하므로 ∠B=□의 조건이 더 필요하다.

3

아래 그림의 △ABC와 △DEF에서 $\overline{BC}=\overline{EF}$, ∠B=∠E일 때, △ABC≡△DEF가 되기 위해 필요한 조건을 구하려고 한다. □ 안에 알맞은 것을 쓰시오.

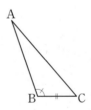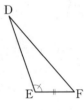

(1) △ABC와 △DEF가 SAS 합동이 되려면 두 변의 길이가 각각 같고, 그 끼인각의 크기가 같아야 하므로 $\overline{AB}=$□의 조건이 더 필요하다.

(2) △ABC와 △DEF가 ASA 합동이 되려면 한 변의 길이와 그 양 끝 각의 크기가 각각 같아야 하므로 ∠A=□ 또는 ∠C=□의 조건이 더 필요하다.

4

아래 그림의 △ABC와 △DEF가 주어진 조건을 만족시킬 때, 두 삼각형이 서로 합동이면 ○표, 합동이 아니면 ×표를 ( ) 안에 쓰시오.

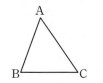

(1) $\overline{AB}=\overline{DE}$, $\overline{BC}=\overline{EF}$, $\overline{AC}=\overline{DF}$ ( )

(2) $\overline{AB}=\overline{DE}$, $\overline{BC}=\overline{EF}$, $\angle B=\angle E$ ( )

(3) $\overline{AB}=\overline{DE}$, $\overline{BC}=\overline{EF}$, $\angle A=\angle D$ ( )

(4) $\overline{AC}=\overline{DF}$, $\angle A=\angle D$, $\angle C=\angle F$ ( )

(5) $\overline{BC}=\overline{EF}$, $\overline{AC}=\overline{DF}$, $\angle B=\angle E$ ( )

교과서 문제로 **개념다지기**

5

아래 그림의 △ABC와 △DEF에서 $\overline{AB}=\overline{DE}$일 때, 다음 |보기| 중에서 △ABC≡△DEF가 되는 경우를 모두 고르시오.

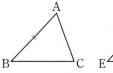

| 보기 |

ㄱ. $\overline{AC}=\overline{DF}$, $\angle B=\angle E$
ㄴ. $\overline{AC}=\overline{DF}$, $\angle C=\angle F$
ㄷ. $\overline{BC}=\overline{EF}$, $\angle B=\angle E$
ㄹ. $\angle A=\angle D$, $\angle B=\angle E$

6

다음 중 |보기|의 삼각형과 합동인 것은?

| 보기 |

① 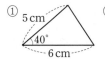 ②

③ 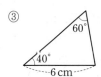 ④ ⑤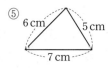

개념 Drill ── 21 삼각형의 합동의 활용 (1)

1

다음은 아래 그림의 사각형 ABCD에서 $\overline{AB}=\overline{CD}$, $\overline{AD}=\overline{CB}$일 때, △ABD≡△CDB임을 설명하는 과정이다. □ 안에 알맞은 것을 쓰시오.

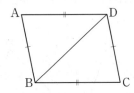

△ABD와 △CDB에서
$\overline{AB}=\overline{CD}$, $\overline{AD}=\overline{CB}$, ☐는 공통
따라서 대응하는 세 변의 길이가 각각 같으므로
△ABD≡☐ (☐ 합동)

2

다음은 아래 그림과 같이 $\overline{AB}$의 수직이등분선 위에 한 점 P를 잡아 $\overline{AP}$, $\overline{BP}$를 그리면 △APM≡△BPM임을 설명하는 과정이다. □ 안에 알맞은 것을 쓰시오.

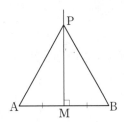

$\overrightarrow{MP}$는 $\overline{AB}$의 수직이등분선이므로
$\overline{AM}=$☐, ∠AMP=☐=90°이다.
즉, △APM과 △BPM에서
$\overline{AM}=$☐, ∠AMP=☐, $\overline{PM}$은 공통
따라서 대응하는 두 변의 길이가 각각 같고, 그 끼인각의 크기가 같으므로
△APM≡△BPM (☐ 합동)

3

다음은 아래 그림의 사각형 ABCD에서 $\overline{AD}\,/\!/\,\overline{BC}$, $\overline{AB}\,/\!/\,\overline{CD}$일 때, △ABC≡△CDA임을 설명하는 과정이다. □ 안에 알맞은 것을 쓰시오.

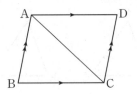

△ABC와 △CDA에서
$\overline{AD}\,/\!/\,\overline{BC}$이므로 ∠BCA=☐ (엇각)
$\overline{AB}\,/\!/\,\overline{CD}$이므로 ∠BAC=∠DCA (엇각)
☐는 공통
따라서 대응하는 한 변의 길이가 같고, 그 양 끝 각의 크기가 각각 같으므로
△ABC≡△CDA (☐ 합동)

44 드릴북 중1-2

교과서 문제로 **개념 다지기**

4

오른쪽 그림과 같은 사각형
ABCD에서 $\overline{AB}=\overline{CB}$,
$\overline{AD}=\overline{CD}$일 때, 합동인 두 삼각
형을 찾아 기호 ≡를 사용하여
나타내고, 합동 조건을 말하시오.

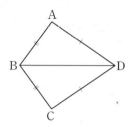

_____

5

오른쪽 그림의 사각형
ABCD에서 $\overline{AB}=\overline{CD}$이고
∠ABD=∠CDB일 때, 합동
인 두 삼각형을 찾아 기호 ≡를
사용하여 나타내고, 합동 조건
을 말하시오.

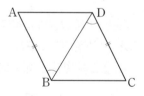

_____

6

다음 그림에서 $\overline{OA}=\overline{OC}$, ∠OAD=∠OCB일 때,
△AOD와 △COB가 ASA 합동임을 설명하는 데 필요한
조건을 바르게 나열한 것은?

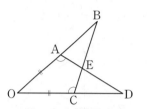

① $\overline{OA}=\overline{OC}$, $\overline{OD}=\overline{OB}$, $\overline{AD}=\overline{CB}$
② $\overline{OA}=\overline{OC}$, $\overline{AD}=\overline{CB}$, ∠OAD=∠OCB
③ $\overline{AD}=\overline{CB}$, $\overline{OD}=\overline{OB}$, ∠O는 공통
④ $\overline{OA}=\overline{OC}$, ∠OAD=∠OCB, ∠O는 공통
⑤ ∠OAD=∠OCB, ∠ODA=∠OBC, ∠O는 공통

개념 Drill ··· ② 삼각형의 합동의 활용 (2) - 정삼각형, 정사각형

1

다음은 아래 그림의 △ABC가 정삼각형이고 $\overline{AF}=\overline{BD}=\overline{CE}$일 때, △DEF가 정삼각형임을 설명하는 과정이다. ☐ 안에 알맞은 것을 쓰시오.

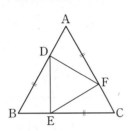

△ADF, △BED, △CFE에서
△ABC가 정삼각형이므로
$\overline{AF}=\overline{BD}=\overline{CE}$, ☐ $=\overline{BE}=\overline{CF}$
$\angle A=\angle B=\angle C=$ ☐
따라서 대응하는 두 변의 길이가 각각 같고, 그 끼인각의 크기가 같으므로
△ADF≡△BED≡△CFE (☐ 합동)
따라서 $\overline{DF}=$ ☐ $=\overline{FE}$이므로 △DEF는 정삼각형이다.

2

다음은 아래 그림에서 △ABC와 △ECD가 정삼각형일 때, △ACD≡△BCE임을 설명하는 과정이다. ☐ 안에 알맞은 것을 쓰시오.

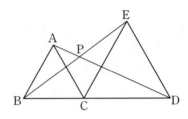

△ACD와 △BCE에서
△ABC와 △ECD가 정삼각형이므로
$\overline{AC}=\overline{BC}$, ☐ $=\overline{CE}$
$\angle ACD=$ ☐ $+\angle ECD=$ ☐ $+60°$이고
$\angle BCE=\angle BCA+\angle ACE=60°+\angle ACE$이므로
$\angle ACD=\angle BCE$
따라서 대응하는 두 변의 길이가 각각 같고, 그 끼인각의 크기가 같으므로
△ACD≡△BCE (☐ 합동)

3

다음은 아래 그림의 사각형 ABCD가 정사각형이고 $\overline{BE}=\overline{CF}$일 때, △ABE≡△BCF임을 설명하는 과정이다. ☐ 안에 알맞은 것을 쓰시오.

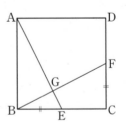

△ABE와 △BCF에서
사각형 ABCD가 정사각형이므로
$\overline{AB}=$ ☐, $\overline{BE}=\overline{CF}$,
$\angle ABE=\angle BCF=$ ☐
따라서 대응하는 두 변의 길이가 각각 같고, 그 끼인각의 크기가 같으므로
△ABE≡△BCF (☐ 합동)

4
오른쪽 그림에서 △ABC는 정삼각형이고 $\overline{AD}=\overline{CE}$일 때, △ABD와 합동인 삼각형을 찾으시오.

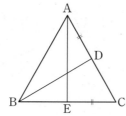

_____

6
아래 그림에서 사각형 ABCG와 사각형 FCDE가 정사각형일 때, 다음 중 옳지 <u>않은</u> 것은?

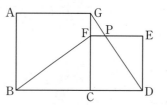

① $\overline{BF}=\overline{GD}$　　　　② $\overline{GF}=\overline{FP}$
③ ∠BFC=∠GDC　　④ ∠FBC=∠PDE
⑤ △BCF≡△GCD

5
오른쪽 그림에서 사각형 ABCD가 정사각형이고 △EBC가 정삼각형이면 △EAB와 △EDC는 서로 합동이다. 이때 이용된 합동 조건을 말하시오.

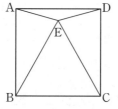

_____

1

다음 도형 중 다각형인 것은 ○표, 다각형이 <u>아닌</u> 것은 ✕
표를 (   ) 안에 쓰시오.

(1)

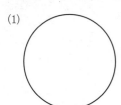

(   )

(2)

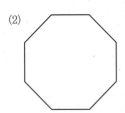

(   )

(3)

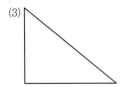

(   )

(4)

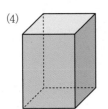

(   )

(5)

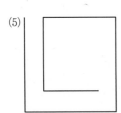

(   )

2

다음 다각형에서 ∠A의 외각의 크기를 구하시오.

(1)

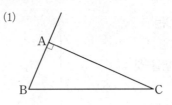

⇨ 90°+(∠A의 외각의 크기)=□
∴ (∠A의 외각의 크기)=□

(2)

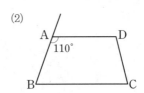

⇨ 110°+(∠A의 외각의 크기)=□
∴ (∠A의 외각의 크기)=□

(3)

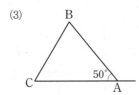

_____

(4)

_____

3

다각형에 대한 다음 설명 중 옳은 것은 ○표, 옳지 <u>않은</u> 것은 ×표를 ( ) 안에 쓰시오.

(1) 다각형의 한 꼭짓점에서 이웃하는 두 변이 이루는 각을 외각이라 한다. ( )

(2) 팔각형은 8개의 선분으로 둘러싸여 있다. ( )

(3) 정다각형은 모든 내각의 크기가 같다. ( )

(4) 네 내각의 크기가 같은 사각형은 정사각형이다.
( )

(5) 다각형의 한 꼭짓점에서의 외각은 2개가 있다.
( )

4

오른쪽 그림의 사각형 ABCD에서 x, y의 값을 각각 구하시오.

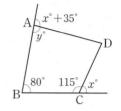

5

다음 중 옳지 <u>않은</u> 것을 모두 고르면? (정답 2개)

① 꼭짓점의 개수가 4개인 다각형은 사각형이다.
② 변의 개수가 가장 적은 다각형은 삼각형이다.
③ 네 변의 길이가 모두 같은 사각형은 정사각형이다.
④ 다각형에서 이웃하는 두 변으로 이루어진 각 중에서 안쪽에 있는 각은 내각이다.
⑤ 다각형의 한 꼭짓점에서 내각과 외각의 크기의 합은 $360°$이다.

1

다음 다각형의 한 꼭짓점에서 그을 수 있는 대각선의 개수를 구하시오.

(1) 사각형

_____

(2) 육각형

_____

(3) 팔각형

_____

(4) 십각형

_____

(5) n각형

_____

2

다음 다각형의 대각선의 개수를 구하시오.

(1) 사각형

_____

(2) 육각형

_____

(3) 팔각형

_____

(4) 십각형

_____

(5) n각형

_____

3

다음은 대각선의 개수가 14개인 다각형을 구하는 과정이다.
☐ 안에 알맞은 것을 쓰시오.

대각선의 개수가 14개인 다각형을 n각형이라 하면

$\dfrac{n(n-3)}{2}=$ ☐

$n(n-3)=$ ☐ $=$ ☐ $\times 4$이므로

$n=$ ☐

따라서 구하는 다각형은 ☐ 이다.

4

다음은 대각선의 개수가 54개인 다각형을 구하는 과정이다.
☐ 안에 알맞은 것을 쓰시오.

대각선의 개수가 54개인 다각형을 n각형이라 하면

$\dfrac{n(n-3)}{2}=$ ☐

$n(n-3)=$ ☐ $=12\times$ ☐ 이므로

$n=$ ☐

따라서 구하는 다각형은 ☐ 이다.

5

십일각형의 한 꼭짓점에서 그을 수 있는 대각선의 개수를 a개,
이때 생기는 삼각형의 개수를 b개라 할 때, $a+b$의 값을 구
하시오.

6

대각선의 개수가 27개인 다각형은?

① 육각형   ② 칠각형   ③ 팔각형

④ 구각형   ⑤ 십각형

1

다음 그림에서 ∠x의 크기를 구하시오.

(1)

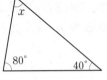

⇨ ∠$x + 80° + 40° =$ ☐

∴ ∠$x =$ ☐

(2)

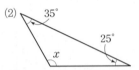

⇨ $35° + ∠x + 25° =$ ☐

∴ ∠$x =$ ☐

(3)

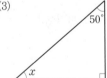

——————

(4)

——————

(5)

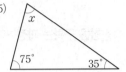

——————

(6)

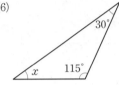

——————

2

다음 그림에서 ∠x의 크기를 구하시오.

(1)

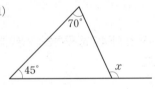

⇨ ∠$x = 70° +$ ☐ $=$ ☐

(2)

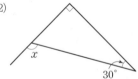

⇨ ∠$x = 90° +$ ☐ $=$ ☐

(3)

3
오른쪽 그림에서 x의 값은?

① 20   ② 25

③ 30   ④ 35

⑤ 40

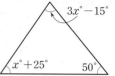

(4)
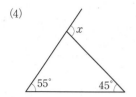

(5)
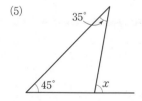

4
오른쪽 그림의 △ABC에서
∠BAD=∠CAD일 때,
∠x의 크기를 구하시오.

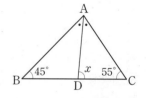

(6)

 ㉖ **다각형의 내각과 외각의 크기의 합**

1

다음 다각형의 내각의 크기의 합을 구하시오.

(1) 육각형

_____

(2) 팔각형

_____

(3) 구각형

_____

(4) 십각형

_____

(5) 십오각형

_____

2

다음 다각형의 외각의 크기의 합을 구하시오.

(1) 육각형

_____

(2) 구각형

_____

(3) 십각형

_____

(4) 십이각형

_____

(5) n각형

_____

교과서 문제로 개념다지기

3
한 꼭짓점에서 그을 수 있는 대각선의 개수가 4개인 다각형의 내각의 크기의 합은?

① 540°　　　　② 720°　　　　③ 900°

④ 1080°　　　　⑤ 1260°

5
다음 그림에서 x의 값을 구하시오.

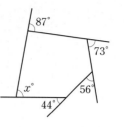

4
오른쪽 그림에서 $\angle x$의 크기를 구하시오.

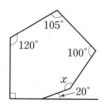

개념 Drill 27 정다각형의 한 내각과 한 외각의 크기

1

다음 정다각형의 한 내각의 크기를 구하시오.

(1) 정육각형

(2) 정팔각형

(3) 정구각형

(4) 정십각형

(5) 정십이각형

2

다음 정다각형의 한 외각의 크기를 구하시오.

(1) 정오각형

(2) 정구각형

(3) 정십이각형

(4) 정십오각형

(5) 정n각형

3

다음 중 옳지 <u>않은</u> 것을 모두 고르면? (정답 2개)

① 정오각형의 한 내각의 크기는 108°이다.
② 정팔각형의 한 외각의 크기는 40°이다.
③ 정십각형의 한 내각의 크기는 144°이다.
④ 한 내각의 크기가 140°인 정다각형은 정구각형이다.
⑤ 한 외각의 크기가 60°인 정다각형은 정삼각형이다.

4

한 외각의 크기가 30°인 정다각형의 내각의 크기의 합은?

① 1260°   ② 1440°   ③ 1620°
④ 1800°   ⑤ 1980°

5

한 내각의 크기와 한 외각의 크기의 비가 3 : 2인 정다각형
은?

① 정삼각형   ② 정사각형   ③ 정오각형
④ 정육각형   ⑤ 정팔각형

1

다음을 원 O 위에 나타내시오.

(1)
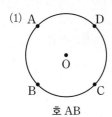
호 AB

(2)
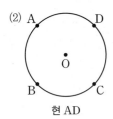
현 AD

(3)
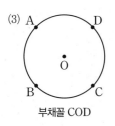
부채꼴 COD

(4)
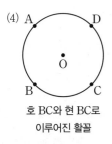
호 BC와 현 BC로
이루어진 활꼴

2

아래 그림의 원 O에 대하여 다음을 기호로 나타내시오.

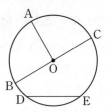

(1) 원 O의 반지름

_____

(2) 원 O의 지름

_____

(3) 현 DE

_____

(4) ∠AOC에 대한 호

_____

(5) 부채꼴 AOB에 대한 중심각

_____

정답 및 해설 116쪽

3

원과 부채꼴에 대한 다음 설명 중 옳은 것은 ○표, 옳지 않은 것은 ×표를 (　) 안에 쓰시오.

(1) 현은 원 위의 두 점을 이은 선분이다. (　)

(2) 부채꼴은 호와 현으로 이루어진 도형이다. (　)

(3) 활꼴은 두 반지름과 호로 이루어진 도형이다. (　)

(4) 한 원에서 부채꼴과 활꼴이 같아질 때 그 중심각의 크기는 90°이다. (　)

(5) 원의 중심을 지나는 현은 지름이다. (　)

교과서 문제로 **개념 다지기**

4

오른쪽 그림의 원 O에 대한 설명으로 다음 중 옳지 않은 것은?

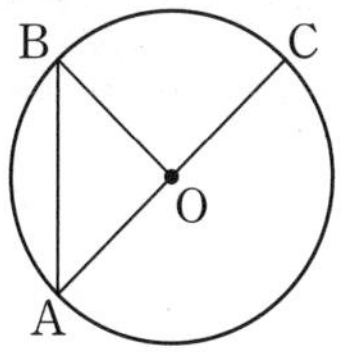

① $\overline{AB}$는 현이다.
② $\overset{\frown}{AB}$에 대한 중심각은 ∠AOB이다.
③ 원 위의 두 점 A, B를 양 끝 점으로 하는 호는 1개이다.
④ $\overset{\frown}{AB}$와 $\overline{AB}$로 둘러싸인 도형은 활꼴이다.
⑤ $\overset{\frown}{AB}$와 두 반지름 OA, OB로 둘러싸인 도형은 부채꼴이다.

5

반지름의 길이가 6 cm인 원에서 가장 긴 현의 길이는?

① 6 cm　② 8 cm　③ 10 cm
④ 12 cm　⑤ 14 cm

1

아래 그림의 원 O에서 ∠AOB=∠BOC일 때, 다음 ◯ 안에 =, ≠ 중 알맞은 것을 쓰시오.

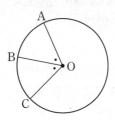

(1) $\widehat{AB}$ ◯ $\widehat{BC}$

(2) $\widehat{AC}$ ◯ $2\widehat{BC}$

(3) (부채꼴 AOB의 넓이) ◯ (부채꼴 BOC의 넓이)

(4) (부채꼴 AOC의 넓이) ◯ 2×(부채꼴 AOB의 넓이)

2

다음 그림에서 x의 값을 구하시오.

(1)
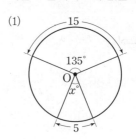

_____

(2)

_____

(3)
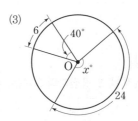

_____

(4)

_____

3

다음 그림에서 x의 값을 구하시오.

(1)

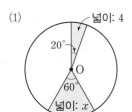

_____

(2)

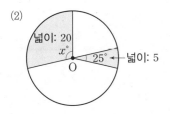

_____

(3)

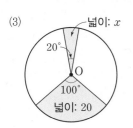

_____

(4)

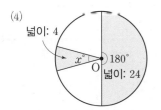

_____

4

오른쪽 그림의 원 O에서 x, y
의 값을 각각 구하시오.

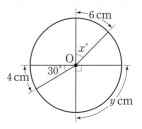

_____

5

다음 그림의 원 O에서 $\widehat{AB}=10\,\text{cm}$, $\widehat{CD}=4\,\text{cm}$이고, 부
채꼴 AOB의 넓이가 $40\,\text{cm}^2$일 때, 부채꼴 COD의 넓이는?

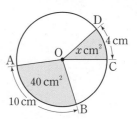

① $12\,\text{cm}^2$ ② $14\,\text{cm}^2$ ③ $16\,\text{cm}^2$
④ $18\,\text{cm}^2$ ⑤ $20\,\text{cm}^2$

1

아래 그림의 원 O에서 ∠AOB=∠BOC일 때, 다음 중 옳은 것은 ○표, 옳지 않은 것은 ×표를 (   ) 안에 쓰시오.

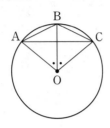

(1) $\overset{\frown}{AB}=\overset{\frown}{BC}$ (   )

(2) $2\overset{\frown}{AB}>\overset{\frown}{AC}$ (   )

(3) $\overline{AB}=\overline{BC}$ (   )

(4) $2\overline{AB}=\overline{AC}$ (   )

(5) (부채꼴 AOC의 넓이)=2×(부채꼴 AOB의 넓이)
                                  (   )

(6) (△AOC의 넓이)=2×(△AOB의 넓이)   (   )

2

다음 그림의 원 O에서 x의 값을 구하시오.

(1)

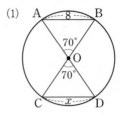

_____

(2)

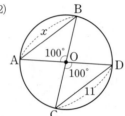

_____

(3)

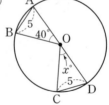

_____

(4)

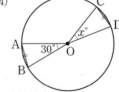

_____

3

아래 그림에서 $\overline{AD}$는 원 O의 지름이고, ∠AOB=60°, ∠COD=30°일 때, 다음 중 옳은 것은 ○표, 옳지 <u>않은</u> 것은 ×표를 (   ) 안에 쓰시오.

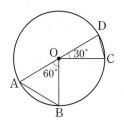

(1) $\overset{\frown}{AB}=2\overset{\frown}{CD}$ (   )

(2) $\overline{AB}=2\overline{CD}$ (   )

(3) $\overline{AB}>2\overline{CD}$ (   )

(4) (△OAB의 넓이)<2×(△OCD의 넓이) (   )

4

오른쪽 그림의 원 O에서 $\overline{AB}=\overline{CD}=\overline{DE}$이고 ∠COE=100°일 때, ∠AOB의 크기를 구하시오.

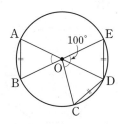

_____

5

오른쪽 그림의 원 O에서 ∠AOB=∠COD이고 2∠AOB=∠AOD일 때, 다음 중 옳지 <u>않은</u> 것은?

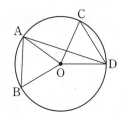

① $\overset{\frown}{AB}=\overset{\frown}{CD}$

② $\overline{AB}=\overline{CD}$

③ $2\overset{\frown}{AB}=\overset{\frown}{AD}$

④ $2\overline{AB}=\overline{AD}$

⑤ (부채꼴 AOB의 넓이)=$\frac{1}{2}$×(부채꼴 AOD의 넓이)

1

아래 그림의 원 O의 둘레의 길이 l과 넓이 S를 각각 구하시오.

(1)

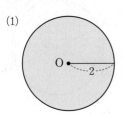

_____

(2)

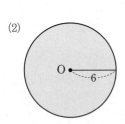

_____

(3)

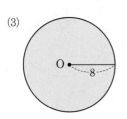

_____

(4)

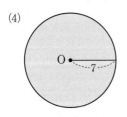

_____

(5)

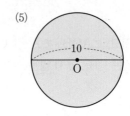

_____

(6)

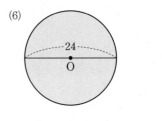

_____

(7)

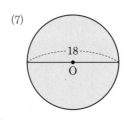

_____

(8)

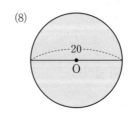

_____

2

다음은 원의 둘레의 길이 l 또는 넓이 S가 주어질 때, 반지름의 길이를 구하는 과정이다. ☐ 안에 알맞은 것을 쓰시오.

(1) $l = 2\pi$

⇨ 원의 반지름의 길이를 r라 하면

$l = 2\pi r$이므로 $2\pi = $ ☐

∴ $r = $ ☐

따라서 원의 반지름의 길이는 ☐이다.

(2) $l = 8\pi$

⇨ 원의 반지름의 길이를 r라 하면

$l = 2\pi r$이므로 ☐ $= 2\pi r$

∴ $r = $ ☐

따라서 원의 반지름의 길이는 ☐이다.

(3) $S = 9\pi$

⇨ 원의 반지름의 길이를 r라 하면

$S = \pi r^2$이므로 ☐ $= \pi r^2$

∴ $r = $ ☐

따라서 원의 반지름의 길이는 ☐이다.

(4) $S = 16\pi$

⇨ 원의 반지름의 길이를 r라 하면

$S = \pi r^2$이므로 $16\pi = $ ☐

∴ $r = $ ☐

따라서 원의 반지름의 길이는 ☐이다.

3

다음 그림과 같은 원의 반지름의 길이가 $4\,cm$일 때, 색칠한 부분의 둘레의 길이와 넓이를 차례로 구하시오.

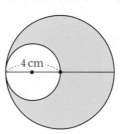

4

다음 그림과 같은 반원의 지름의 길이가 $14\,cm$일 때, 색칠한 부분의 둘레의 길이와 넓이를 차례로 구하시오.

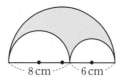

1

다음 그림의 부채꼴의 호의 길이를 구하시오.

(1)
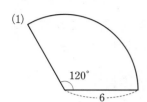

120°
6

_____

(2)

30°
4

_____

(3)

9
40°

_____

(4)

315°
8

_____

2

다음 그림의 부채꼴의 넓이를 구하시오.

(1)
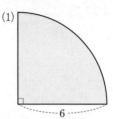

6

_____

(2)
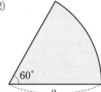

60°
3

_____

(3)
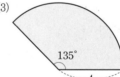

135°
4

_____

(4)
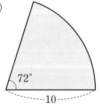

72°
10

_____

3

다음 그림의 부채꼴의 넓이를 구하시오.

(1)
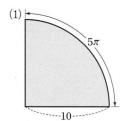

_____

(2)
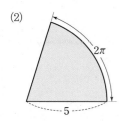

_____

(3)
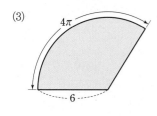

_____

(4)
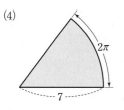

_____

교과서 문제로 **개념 다지기**

4

오른쪽 그림과 같은 부채꼴의 중심각의 크기는?

① 200°   ② 210°

③ 240°   ④ 260°

⑤ 270°

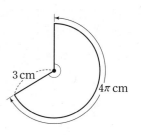

5

오른쪽 그림의 부채꼴에서 색칠한 부분의 둘레의 길이와 넓이를 차례로 구하시오.

_____

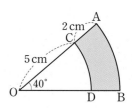

개념 Drill ── ㉝ 색칠한 부분의 넓이

1

다음 그림에서 색칠한 부분의 넓이를 구하시오.

(1)

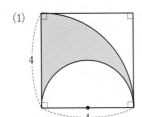

(2)

(3)

(4)

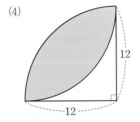

(5)

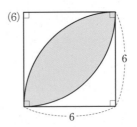

(6)

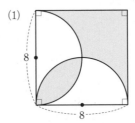

2

다음 그림에서 색칠한 부분의 넓이를 구하시오.

(1)

(2)

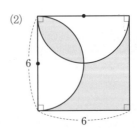

(3)
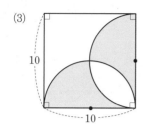

(4)
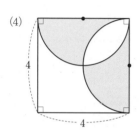

(5)
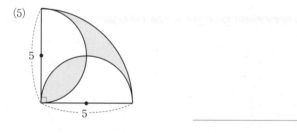

(6)
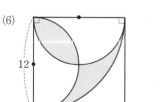

3
오른쪽 그림과 같이 한 변의 길이가 8 cm인 정사각형 ABCD에서 색칠한 부분의 넓이를 구하시오.

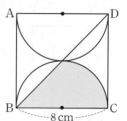

4
오른쪽 그림과 같이 지름의 길이가 20 cm인 반원 O에서 색칠한 부분의 넓이를 구하시오.

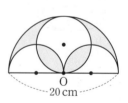

1

다음 입체도형 중 다면체인 것은 ○표, 다면체가 <u>아닌</u> 것은 ×표를 ( ) 안에 쓰시오.

(1)

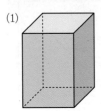

( )

(2)

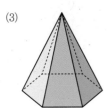

( )

(3)

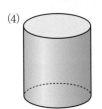

( )

(4)

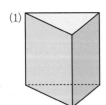

( )

(2)

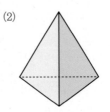

_____

(3)

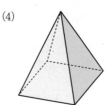

_____

(4)

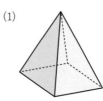

_____

3

다음 다면체의 모서리의 개수를 구하시오.

(1)

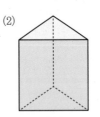

_____

(2)

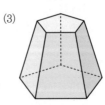

_____

2

다음 다면체의 면의 개수를 구하고, 몇 면체인지 쓰시오.

(1)

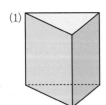

_____

(3)

_____

4

다음 다면체의 꼭짓점의 개수를 구하시오.

(1)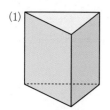

_____

(2)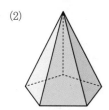

_____

(3)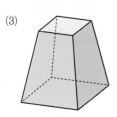

_____

5

다음 표를 완성하시오.

	오각기둥	칠각뿔	삼각뿔대
(1) 밑면의 모양			
(2) 옆면의 모양			
(3) 면의 개수			
(4) 모서리의 개수			
(5) 꼭짓점의 개수			

6

다음 |보기| 중 다면체인 것을 모두 고른 것은?

보기

ㄱ. 정오각형   ㄴ. 원기둥   ㄷ. 사각기둥
ㄹ. 원뿔   ㅁ. 육각뿔대   ㅂ. 구

① ㄱ, ㄴ   ② ㄱ, ㅁ   ③ ㄴ, ㅂ
④ ㄷ, ㄹ   ⑤ ㄷ, ㅁ

7

삼각기둥의 모서리의 개수를 a개, 오각뿔의 면의 개수를 b개, 사각뿔대의 꼭짓점의 개수를 c개라 할 때, $a+b+c$의 값을 구하시오.

_____

1

다음을 만족시키는 정다면체를 │보기│에서 모두 고르시오.

┌─ 보기 ┐
ㄱ. 정사면체   ㄴ. 정육면체   ㄷ. 정팔면체
ㄹ. 정십이면체   ㅁ. 정이십면체
└──────────────────────────┘

(1) 면의 모양이 정삼각형인 정다면체

　　　　　　　　　＿＿＿＿＿＿＿＿

(2) 면의 모양이 정사각형인 정다면체

　　　　　　　　　＿＿＿＿＿＿＿＿

(3) 면의 모양이 정오각형인 정다면체

　　　　　　　　　＿＿＿＿＿＿＿＿

(4) 각 꼭짓점에 모인 면 개수가 3개인 정다면체

　　　　　　　　　＿＿＿＿＿＿＿＿

(5) 각 꼭짓점에 모인 면 개수가 4개인 정다면체

　　　　　　　　　＿＿＿＿＿＿＿＿

(6) 각 꼭짓점에 모인 면 개수가 5개인 정다면체

　　　　　　　　　＿＿＿＿＿＿＿＿

2

정다면체에 대한 다음 설명 중 옳은 것은 ○표, 옳지 않은 것은 ×표를 ( ) 안에 쓰시오.

(1) 정다면체는 각 꼭짓점에 모이는 면의 개수가 같다.
　　　　　　　　　　　　　　　　　( )

(2) 정팔면체의 꼭짓점의 개수는 6개이다. ( )

(3) 정다면체의 한 면이 될 수 있는 다각형은 정삼각형, 정사각형뿐이다. ( )

(4) 면의 모양이 정육각형인 정다면체는 정육면체이다.
　　　　　　　　　　　　　　　　　( )

(5) 정이십면체는 면의 모양이 정삼각형이다. ( )

3
다음 정다면체와 그 전개도를 선으로 연결하시오.

(1) •

• ㄱ.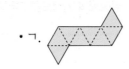

(2) •

• ㄴ.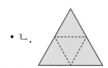

(3) •

• ㄷ.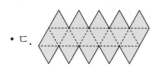

(4) •

• ㄹ.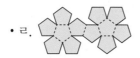

(5) •

• ㅁ.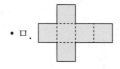

교과서 문제로 **개념다지기**

4
다음 표의 빈칸에 들어갈 것으로 옳지 <u>않은</u> 것은?

정다면체	정사면체	정육면체	정팔면체	정십이면체	정이십면체
면의 개수	4개	①	8개	12개	20개
모서리의 개수	②	12개	12개	③	30개
꼭짓점의 개수	4개	8개	④	20개	⑤

① 6개　　　② 6개　　　③ 30개
④ 6개　　　⑤ 24개

5
다음 |조건|을 모두 만족시키는 입체도형의 모서리의 개수를 x개, 꼭짓점의 개수를 y개라 할 때, $x+y$의 값을 구하시오.

┌ 조건 ┐
(가) 각 면이 모두 합동인 정삼각형이다.
(나) 각 꼭짓점에 모인 면의 개수는 4개이다.

1

다음 입체도형 중 회전체인 것은 ○표, 회전체가 <u>아닌</u> 것은
×표를 ( ) 안에 쓰시오.

(1)

( )

(2)

( )

(3)

( )

(4)

( )

(5)

( )

2

다음 평면도형을 직선 l을 회전축으로 하여 1회전 시킬 때
생기는 회전체의 겨냥도를 그리시오.

(1)

   ⇨

(2)

   ⇨

(3)

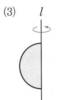   ⇨

(4)

   ⇨

(5)

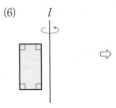   ⇨

(6)

    ⇨

3

다음 평면도형과 그 평면도형을 직선 l을 회전축으로 하여 1회전 시킬 때 생기는 회전체의 겨냥도를 선으로 연결하시오.

(1) 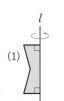 •

• ㄱ.

(2) •

• ㄴ.

(3) 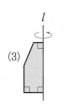 •

• ㄷ.

(4) •

• ㄹ.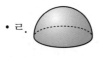

4

오른쪽 그림과 같은 평면도형을 직선 l을 회전축으로 하여 1회전 시킬 때 생기는 입체도형의 이름과 모선이 되는 선분을 바르게 짝지은 것은?

① 원뿔 – $\overline{AB}$
② 원뿔 – $\overline{AD}$
③ 원뿔대 – $\overline{AB}$
④ 원뿔대 – $\overline{AD}$
⑤ 구 – $\overline{CD}$

5

다음 평면도형을 직선 l을 회전축으로 하여 1회전 시킬 때 생기는 입체도형으로 옳지 <u>않은</u> 것은?

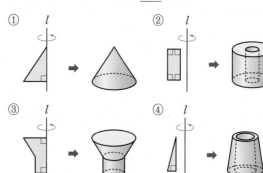

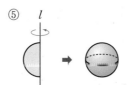

1

회전체에 대한 다음 설명 중 옳은 것은 ○표, 옳지 <u>않은</u> 것은 ×표를 ( ) 안에 쓰시오.

(1) 회전체를 회전축에 수직인 평면으로 자를 때 생기는 단면은 모두 원이다. ( )

(2) 회전체를 회전축을 포함하는 평면으로 자를 때 생기는 단면은 선대칭도형이고 모두 합동이다. ( )

(3) 구를 한 평면으로 자른 단면은 항상 원이다. ( )

(4) 원뿔을 회전축에 수직인 평면으로 자를 때 생기는 단면은 모두 합동인 원이다. ( )

(5) 원뿔대를 회전축을 포함하는 평면으로 자른 단면은 직사각형이다. ( )

2

다음 회전체를 회전축에 수직인 평면으로 자를 때 생기는 단면의 모양과 회전축을 포함하는 평면으로 자를 때 생기는 단면의 모양을 각각 쓰시오.

(1) 원기둥

_____ _____

(2) 원뿔

_____ _____

(3) 원뿔대

_____ _____

(4) 구

_____ _____

교과서 문제로 **개념 다지기**

3

다음 중 회전체와 그 회전체를 회전축을 포함하는 평면으로 자를 때 생기는 단면의 모양을 바르게 짝 지은 것을 모두 고르면? (정답 2개)

① 반구 – 원   ② 구 – 원
③ 원기둥 – 직사각형   ④ 원뿔 – 부채꼴
⑤ 원뿔대 – 평행사변형

4

다음 중 회전축에 수직인 평면으로 자를 때 생기는 단면이 항상 합동인 회전체는?

①   ②   ③

④   ⑤

5

오른쪽 그림의 사다리꼴을 직선 l을 회전축으로 하여 1회전 시킬 때 생기는 회전체를 회전축을 포함하는 평면으로 자른 단면의 넓이는?

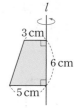

① $16 \, cm^2$ ② $24 \, cm^2$
③ $30 \, cm^2$ ④ $40 \, cm^2$
⑤ $48 \, cm^2$

1

다음 그림과 같은 회전체의 전개도에서 a, b의 값을 각각 구하시오.

(1)

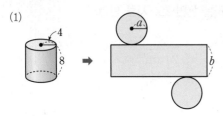

(2)

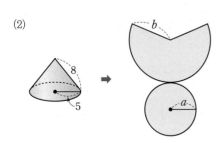

(3)

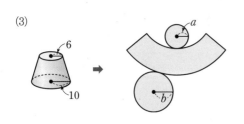

(4)

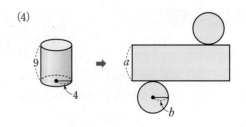

(5)

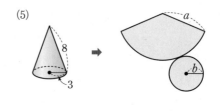

(6)

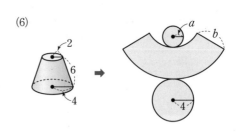

2

다음은 원기둥의 전개도에서 옆면인 직사각형의 가로의 길이를 구하는 과정이다. □ 안에 알맞은 것을 쓰시오.

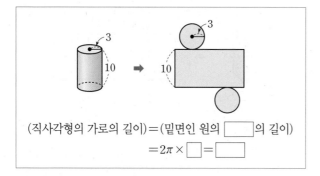

(직사각형의 가로의 길이)＝(밑면인 원의 [   ]의 길이)

$= 2\pi \times \boxed{} = \boxed{}$

3

다음은 원뿔의 전개도에서 옆면인 부채꼴의 호의 길이를 구하는 과정이다. □ 안에 알맞은 것을 쓰시오.

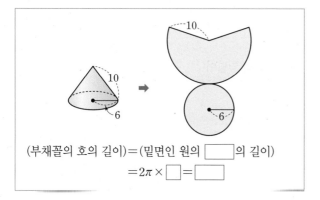

(부채꼴의 호의 길이)＝(밑면인 원의 [   ]의 길이)

$= 2\pi \times \boxed{} = \boxed{}$

교과서 문제로 **개념 다지기**

4

다음 그림은 원뿔대의 전개도이다. 옆면의 둘레의 길이를 구하시오.

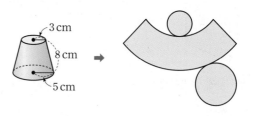

5

오른쪽 그림과 같은 전개도로 만들어지는 원뿔의 밑면인 원의 반지름의 길이를 구하시오.

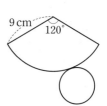

1

아래 그림과 같은 각기둥과 그 전개도에 대하여 다음을 구하시오.

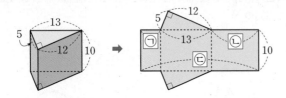

(1) ㉠~㉢에 알맞은 값

㉠: _____

㉡: _____

㉢: _____

(2) 각기둥의 밑넓이

_____

(3) 각기둥의 옆넓이

_____

(4) 각기둥의 겉넓이

_____

2

아래 그림과 같은 각기둥과 그 전개도에 대하여 다음을 구하시오.

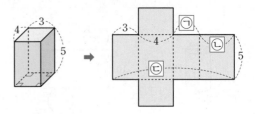

(1) ㉠~㉢에 알맞은 값

㉠: _____

㉡: _____

㉢: _____

(2) 각기둥의 밑넓이

_____

(3) 각기둥의 옆넓이

_____

(4) 각기둥의 겉넓이

_____

3

아래 그림과 같은 원기둥과 그 전개도에 대하여 다음을 구하시오.

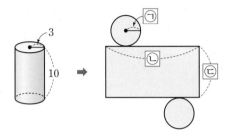

(1) ㉠~㉢에 알맞은 값

㉠: _____

㉡: _____

㉢: _____

(2) 원기둥의 밑넓이

_____

(3) 원기둥의 옆넓이

_____

(4) 원기둥의 겉넓이

_____

4

다음 그림과 같은 사각기둥의 겉넓이를 구하시오.

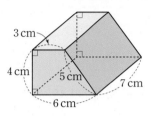

_____

5

오른쪽 그림과 같은 원기둥의 겉넓이는?

① $26\pi \, \text{cm}^2$

② $52\pi \, \text{cm}^2$

③ $78\pi \, \text{cm}^2$

④ $104\pi \, \text{cm}^2$

⑤ $130\pi \, \text{cm}^2$

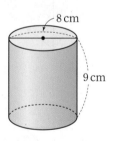

1

다음 입체도형의 부피를 구하시오.

(1) 밑넓이가 30이고, 높이가 6인 사각기둥

_____

(2) 밑넓이가 25π이고, 높이가 4인 원기둥

_____

(3)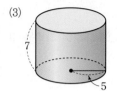

밑넓이: _____
높이: _____
부피: _____

(4)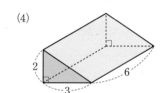

밑넓이: _____
높이: _____
부피: _____

2

주어진 그림과 같은 기둥에 대하여 다음을 구하시오.

(1)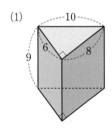

밑넓이: _____
높이: _____
부피: _____

(2)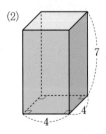

밑넓이: _____
높이: _____
부피: _____

(5)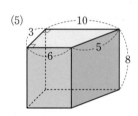

밑넓이: _____
높이: _____
부피: _____

(6)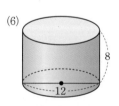

밑넓이: _____
높이: _____
부피: _____

3

오른쪽 그림과 같은 사각기둥의
부피는?

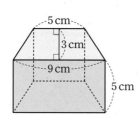

① 90 cm³

② 100 cm³

③ 105 cm³

④ 110 cm³

⑤ 115 cm³

4

다음 그림과 같은 오각형을 밑면으로 하는 오각기둥의 높
이가 5 cm일 때, 이 오각기둥의 부피를 구하시오.

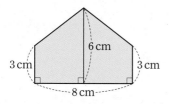

5

다음 그림과 같은 기둥의 부피를 구하시오.

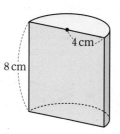

1

아래 그림과 같은 각뿔과 그 전개도에 대하여 다음을 구하시오. (단, 옆면은 모두 합동이다.)

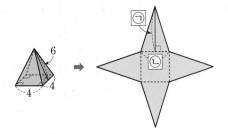

(1) ㉠, ㉡에 알맞은 값

㉠: _____

㉡: _____

(2) 각뿔의 밑넓이

_____

(3) 각뿔의 옆넓이

_____

(4) 각뿔의 겉넓이

_____

2

아래 그림과 같은 원뿔과 그 전개도에 대하여 다음을 구하시오.

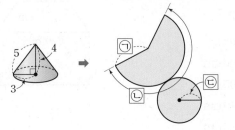

(1) ㉠~㉢에 알맞은 값

㉠: _____

㉡: _____

㉢: _____

(2) 원뿔의 밑넓이

_____

(3) 원뿔의 옆넓이

_____

(4) 원뿔의 겉넓이

_____

교과서 문제로 **개념 다지기**

3

오른쪽 그림과 같은 원뿔의 겉넓이는?

① $100\pi \, \text{cm}^2$

② $112\pi \, \text{cm}^2$

③ $126\pi \, \text{cm}^2$

④ $144\pi \, \text{cm}^2$

⑤ $150\pi \, \text{cm}^2$

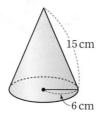

4

오른쪽 그림과 같은 전개도로 만들어지는 입체도형의 겉넓이를 구하시오.

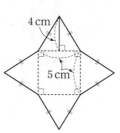

5

오른쪽 그림과 같은 원뿔대의 겉넓이는?

① $81\pi \, \text{cm}^2$

② $90\pi \, \text{cm}^2$

③ $99\pi \, \text{cm}^2$

④ $108\pi \, \text{cm}^2$

⑤ $117\pi \, \text{cm}^2$

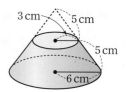

1

다음 입체도형의 부피를 구하시오.

(1) 밑넓이가 33이고, 높이가 10인 육각뿔

_____

(2) 밑넓이가 24π이고, 높이가 6인 원뿔

_____

(3)

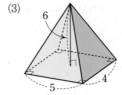

밑넓이: _____

높이: _____

부피: _____

(4)

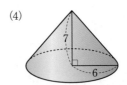

밑넓이: _____

높이: _____

부피: _____

2

주어진 그림과 같은 뿔에 대하여 다음을 구하시오.

(1)

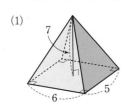

밑넓이: _____

높이: _____

부피: _____

(5)

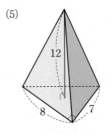

밑넓이: _____

높이: _____

부피: _____

(2)

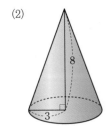

밑넓이: _____

높이: _____

부피: _____

(6)

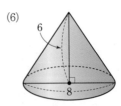

밑넓이: _____

높이: _____

부피: _____

교과서 문제로 **개념 다지기**

3

다음 그림은 원뿔과 원기둥을 붙여서 만든 입체도형이다.
이 입체도형의 부피를 구하시오.

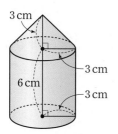

4

오른쪽 그림과 같이 밑면이 정
사각형인 사각뿔대의 부피를
구하시오.

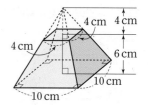

5

밑면인 원의 반지름의 길이가 $2\,cm$인 원뿔의 부피가
$12\pi\,cm^3$일 때, 이 원뿔의 높이를 구하시오.

1

다음 □ 안에 알맞은 수를 쓰고, 구의 겉넓이를 구하시오.

(1)

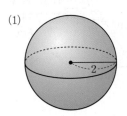

⇨ (구의 겉넓이)=$4\pi \times \boxed{}=\boxed{}$

(2)

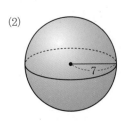

_____

(3)

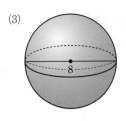

_____

(4)

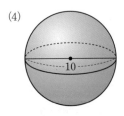

_____

2

다음 □ 안에 알맞은 수를 쓰고, 반구의 겉넓이를 구하시오.

(1)

⇨ (반구의 겉넓이)=$\frac{1}{2} \times$ (구의 겉넓이)+(원의 넓이)

$=8\pi+\boxed{}=\boxed{}$

(2)

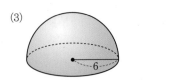

_____

(3)

_____

(4)

_____

3

오른쪽 그림과 같이 구의 중심을 지
나는 평면으로 자른 단면의 넓이가
16π cm²일 때, 구의 겉넓이는?

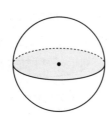

① 64π cm²   ② 72π cm²

③ 80π cm²   ④ 88π cm²

⑤ 92π cm²

5

다음 그림은 반지름의 길이가 4 cm인 구에서 구의 $\dfrac{1}{8}$ 을
잘라 내고 남은 입체도형이다. 이 입체도형의 겉넓이를 구
하시오.

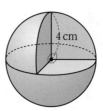

4

오른쪽 그림은 반구와 원뿔을 붙여서
만든 입체도형이다. 이 입체도형의
겉넓이를 구하시오.

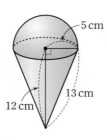

5 cm

13 cm

12 cm

1

다음 □ 안에 알맞은 수를 쓰고, 구의 부피를 구하시오.

(1)

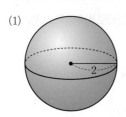

⇨ (구의 부피)=$\frac{4}{3}\pi \times$ □ = □

(2)

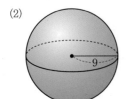

_____

(3)

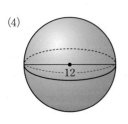

_____

(4)

_____

2

다음 □ 안에 알맞은 수를 쓰고, 반구의 부피를 구하시오.

(1)

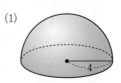

⇨ (반구의 부피)=$\frac{1}{2} \times$ (구의 부피)

$=\frac{1}{2} \times$ □ = □

(2)

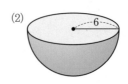

_____

(3)

_____

(4)

_____

3

다음 그림은 원뿔과 반구를 원기둥에 붙여서 만든 입체도형이다. 이 입체도형의 부피를 구하시오.

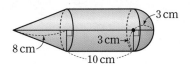

5

다음 그림은 반지름의 길이가 3 cm인 구에서 구의 $\frac{1}{4}$을 잘라 내고 남은 입체도형이다. 이 입체도형의 부피를 구하시오.

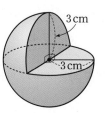

4

오른쪽 그림과 같은 평면도형을 직선 l을 회전축으로 하여 1회전 시킬 때 생기는 입체도형의 부피를 구하시오.

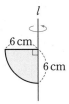

1

다음은 어느 문화 센터의 방송 댄스반 회원 12명의 나이를 조사하여 나타낸 자료이다. 물음에 답하시오.

(단위: 세)

25	31	33	26	46	32
38	27	31	40	37	27

(1) 위의 자료에서 가장 작은 변량과 가장 큰 변량을 차례로 구하시오.

_____

(2) 위의 자료에 대하여 다음 줄기와 잎 그림을 완성하시오.

(2│5는 25세)

줄기	잎
2	5

2

다음은 승희네 반 학생 15명의 키를 조사하여 나타낸 자료이다. 물음에 답하시오.

(단위: cm)

142	135	162	136	140
139	156	151	147	150
147	164	138	141	147

(1) 위의 자료에서 가장 작은 변량과 가장 큰 변량을 차례로 구하시오.

_____

(2) 위의 자료에 대하여 다음 줄기와 잎 그림을 완성하시오.

(13│5는 135 cm)

줄기	잎
13	5

3

다음은 정훈이네 반 학생들의 한 달 동안의 운동 시간을 조사하여 나타낸 줄기와 잎 그림이다. 물음에 답하시오.

(1│0은 10시간)

줄기	잎
1	0 3 7
2	1 2 5 6 6 8
3	2 4 7 9
4	3 8

(1) 잎이 가장 많은 줄기와 잎이 가장 적은 줄기를 각각 구하시오.

잎이 가장 많은 줄기: _____

잎이 가장 적은 줄기: _____

(2) 줄기 2에 해당하는 잎을 모두 구하시오.

_____

(3) 한 달 동안의 운동 시간이 30시간 이상인 학생 수를 구하시오.

_____

(4) 운동 시간이 가장 긴 학생의 운동 시간은 몇 시간인지 구하시오.

_____

4

다음은 소연이네 반 학생 20명의 음악 수행평가 점수를 조사하여 나타낸 자료이다. 물음에 답하시오.

(단위: 점)

24	43	59	32	60	43	34	22	57	48
61	53	28	43	37	51	49	35	51	46

(1) 위의 자료에 대하여 다음 줄기와 잎 그림을 완성하시오.

(2|2는 22점)

줄기	잎
2	2
3	
4	
5	
6	

(2) 점수가 35점 이상 55점 미만인 학생 수를 구하시오.

_____

(3) 점수가 30점 미만인 학생 수를 구하시오.

_____

(4) 점수가 좋은 쪽에서 3번째인 학생의 점수를 구하시오.

_____

5

아래는 미연이네 반 학생들의 통학 시간을 조사하여 나타낸 줄기와 잎 그림이다. 다음 중 옳은 것은?

(0|7은 7분)

줄기	잎
0	7 9
1	2 2 3 6 6 8
2	0 0 0 3 6 8 9 9 9
3	2 2 3 5 6 7 7
4	0 2 2 2 4 9

① 잎이 가장 많은 줄기는 3이다.
② 통학 시간이 30분 이상인 학생은 7명이다.
③ 통학 시간이 가장 짧은 학생과 가장 긴 학생의 통학 시간의 차는 40분이다.
④ 통학 시간이 35분인 미연이보다 통학 시간이 긴 학생은 10명이다.
⑤ 통학 시간이 20분 이상 30분 미만인 학생은 전체의 30 %이다.

1

다음은 도영이네 반 학생 16명의 국어 점수를 조사하여 나타낸 자료이다. 물음에 답하시오.

(단위: 점)

64	71	88	72	62	76	82	78
85	76	89	75	97	61	83	70

(1) 위의 자료에서 가장 작은 변량과 가장 큰 변량을 차례로 구하시오. _____

(2) 위의 자료에 대하여 계급의 크기를 10점으로 하여 다음 도수분포표를 완성하시오.

국어 점수(점)	학생 수(명)	
$60^{이상} \sim 70^{미만}$	///	3
합계		

2

다음은 경수네 반 학생들의 한 학기 동안의 봉사 활동 시간을 조사하여 나타낸 자료이다. 물음에 답하시오.

(단위: 시간)

7	11	15	9	17	18	6	10	5	4
12	16	10	3	8	5	8	3	6	7
6	7	19	10	8	12	13	10	11	9

(1) 전체 학생 수를 구하시오. _____

(2) 위의 자료에 대하여 계급의 크기를 4시간으로 하여 다음 도수분포표를 완성하시오.

봉사 활동 시간(시간)	학생 수(명)
$0^{이상} \sim 4^{미만}$	2
합계	

3

다음은 지성이네 반 학생 30명의 오래 매달리기 기록을 조사하여 나타낸 도수분포표이다. 물음에 답하시오.

오래 매달리기 기록(초)	학생 수(명)
$0^{이상} \sim 10^{미만}$	2
10 $\sim$ 20	6
20 $\sim$ 30	12
30 $\sim$ 40	8
40 $\sim$ 50	2
합계	30

(1) 계급의 크기와 계급의 개수를 각각 구하시오.

계급의 크기: _____

계급의 개수: _____

(2) 도수가 가장 큰 계급을 구하시오.

_____

(3) 오래 매달리기 기록이 17초인 학생이 속하는 계급을 구하시오.

_____

(4) 오래 매달리기 기록이 30초 이상인 학생 수를 구하시오.

_____

4

다음은 은영이네 반 학생들이 여름 방학 동안 읽은 책의 권수를 조사하여 나타낸 도수분포표이다. 물음에 답하시오.

책의 권수(권)	학생 수(명)
$0^{이상} \sim 2^{미만}$	3
2 ~ 4	17
4 ~ 6	5
6 ~ 8	6
8 ~ 10	1
합계	32

(1) 계급의 크기를 구하시오.

(2) 도수가 가장 작은 계급을 구하시오.

(3) 읽은 책의 권수가 4권 미만인 학생 수를 구하시오.

(4) 책을 8번째로 많이 읽은 학생이 속하는 계급을 구하시오.

5

아래는 어느 반 학생 40명의 하루 동안의 스마트폰 사용 시간을 조사하여 나타낸 도수분포표이다. 다음 중 옳지 <u>않은</u> 것은?

사용 시간(분)	학생 수(명)
$0^{이상} \sim 20^{미만}$	3
20 ~ 40	6
40 ~ 60	12
60 ~ 80	14
80 ~ 100	5
합계	40

① 계급의 크기는 20분이다.

② 스마트폰을 50분 사용한 학생이 속하는 계급은 40분 이상 60분 미만이다.

③ 도수가 가장 작은 계급은 0분 이상 20분 미만이다.

④ 스마트폰을 1시간 이상 사용한 학생은 19명이다.

⑤ 스마트폰 사용 시간이 5번째로 짧은 학생이 속하는 계급의 도수는 5명이다.

1

다음은 지윤이네 반 학생들의 하루 동안의 운동 시간을 조사하여 나타낸 도수분포표이다. 물음에 답하시오.

운동 시간(분)	학생 수(명)
0이상 ~ 10미만	3
10 ~ 20	4
20 ~ 30	10
30 ~ 40	□
40 ~ 50	7
합계	30

(1) □ 안에 알맞은 수를 구하시오.

_____

(2) 하루 동안의 운동 시간이 28분인 학생이 속하는 계급의 도수를 구하시오.

_____

(3) 도수가 가장 큰 계급을 구하시오.

_____

(4) 하루 동안의 운동 시간이 30분 이상인 학생 수를 구하시오.

_____

2

다음은 은성이네 반 학생들의 1년 동안의 박물관 방문 횟수를 조사하여 나타낸 도수분포표이다. 물음에 답하시오.

방문 횟수(회)	학생 수(명)
5이상 ~ 10미만	5
10 ~ 15	7
15 ~ 20	4
20 ~ 25	3
25 ~ 30	1
합계	20

(1) 은성이네 반의 전체 학생 수를 구하시오.

_____

(2) 박물관 방문 횟수가 10회 이상 15회 미만인 학생 수를 구하시오.

_____

(3) (1), (2)에서 박물관 방문 횟수가 10회 이상 15회 미만인 학생은 전체의 몇 %인지 구하시오.

_____

(4) 박물관 방문 횟수가 20회 이상인 학생은 전체의 몇 %인지 구하시오.

_____

3

아래는 어느 과수원에서 수확한 사과 30개의 무게를 조사하여 나타낸 도수분포표이다. 다음 중 옳은 것은?

사과 무게(g)	개수(개)
80^{이상} ~ 100^{미만}	1
100 ~ 120	A
120 ~ 140	9
140 ~ 160	4
160 ~ 180	7
180 ~ 200	3
합계	30

① A의 값은 5이다.
② 계급의 크기는 10 g이다.
③ 도수가 가장 큰 계급은 100 g 이상 120 g 미만이다.
④ 무게가 160 g 이상인 사과는 7개이다.
⑤ 무게가 5번째로 가벼운 사과는 100 g 이상 120 g 미만인 계급에 속한다.

4

다음은 주은이네 반 학생 30명의 일주일 동안의 독서 시간을 조사하여 나타낸 도수분포표이다. 물음에 답하시오.

독서 시간(시간)	학생 수(명)
0^{이상} ~ 2^{미만}	7
2 ~ 4	9
4 ~ 6	
6 ~ 8	4
8 ~ 10	2
합계	30

(1) 독서 시간이 4시간 이상 6시간 미만인 학생 수를 구하시오.

(2) 독서 시간이 4시간 이상 8시간 미만인 학생은 전체의 몇 %인지 구하시오.

1

오른쪽은 어느 야구팀의 타자들이 일주일 동안 친 안타의 개수를 조사하여 나타낸 도수분포표이다. 이 도수분포표를 히스토그램으로 나타내시오.

안타 수(개)	타자 수(명)
$2^{이상} \sim 4^{미만}$	9
4 ~ 6	5
6 ~ 8	3
8 ~ 10	2
10 ~ 12	1
합계	20

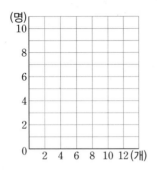

2

오른쪽은 어느 반 학생들의 키를 조사하여 나타낸 도수분포표이다. 이 도수분포표를 히스토그램으로 나타내시오.

키(cm)	학생 수(명)
$140^{이상} \sim 150^{미만}$	3
150 ~ 160	5
160 ~ 170	11
170 ~ 180	4
180 ~ 190	2
합계	25

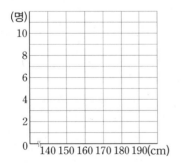

3

다음은 정세네 반 학생들의 과학 점수를 조사하여 나타낸 히스토그램이다. 물음에 답하시오.

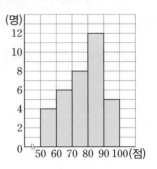

(1) 계급의 크기와 계급의 개수를 각각 구하시오.

계급의 크기: _____

계급의 개수: _____

(2) 전체 학생 수를 구하시오.

_____

(3) 도수가 가장 큰 계급을 구하시오.

_____

(4) 정세의 과학 점수가 90점일 때, 정세가 속한 계급의 도수를 구하시오.

_____

4

다음은 도진이네 반 학생들이 여름 방학 동안 등산을 한 시간을 조사하여 나타낸 히스토그램이다. 물음에 답하시오.

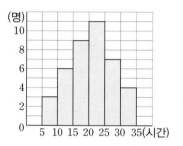

(1) 도진이네 반의 전체 학생 수를 구하시오.

_____

(2) 도수가 가장 큰 계급을 구하시오.

_____

(3) 등산 시간이 10시간 이상 20시간 미만인 학생은 전체의 몇 %인지 구하시오.

_____

(4) 직사각형의 넓이의 합을 구하시오.

_____

5

아래는 소진이네 반 학생들의 볼링 점수를 조사하여 나타낸 히스토그램이다. 다음 중 옳지 <u>않은</u> 것은?

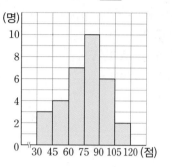

① 계급의 크기는 15점이다.

② 전체 학생 수는 32명이다.

③ 도수가 가장 작은 계급은 105점 이상 120점 미만이다.

④ 볼링 점수가 90점 이상인 학생은 전체의 25 %이다.

⑤ 볼링 점수가 7번째로 낮은 학생이 속하는 계급은 60점 이상 75점 미만이다.

1

오른쪽은 희주네 반 학생들의 하루 동안의 독서 시간을 조사하여 나타낸 도수분포표이다. 이 도수분포표를 히스토그램과 도수분포다각형으로 각각 나타내시오.

독서 시간(분)	학생 수(명)
$5^{이상} \sim 10^{미만}$	3
10 ~ 15	6
15 ~ 20	4
20 ~ 25	2
합계	15

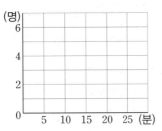

2

오른쪽은 어느 반 학생들의 원반 던지기 기록을 조사하여 나타낸 도수분포표이다. 이 도수분포표를 히스토그램과 도수분포다각형으로 각각 나타내시오.

기록(m)	학생 수(명)
$16^{이상} \sim 20^{미만}$	4
20 ~ 24	9
24 ~ 28	11
28 ~ 32	7
32 ~ 36	3
합계	34

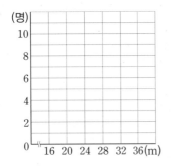

3

다음은 동욱이네 반 학생들의 윗몸일으키기 횟수를 조사하여 나타낸 도수분포다각형이다. 물음에 답하시오.

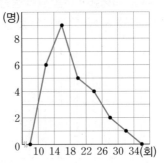

(1) 계급의 크기와 계급의 개수를 각각 구하시오.

계급의 크기: _____

계급의 개수: _____

(2) 전체 학생 수를 구하시오.

_____

(3) 도수가 가장 작은 계급을 구하시오.

_____

(4) 윗몸일으키기 횟수가 25회인 학생이 속한 계급의 도수를 구하시오.

_____

교과서 문제로 **개념다지기**

4

아래는 어느 반 학생들의 국어 점수를 조사하여 나타낸 도수분포다각형이다. 다음을 구하시오.

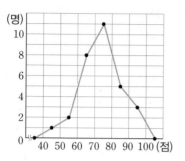

(1) 도수가 가장 큰 계급의 학생 수

_____

(2) 국어 점수가 80점 이상 90점 미만인 학생 수

_____

(3) 국어 점수가 50점 이상 80점 미만인 학생은 전체의 몇 %인지 구하시오.

_____

(4) 도수분포다각형과 가로축으로 둘러싸인 부분의 넓이

_____

5

아래는 수경이네 반 학생들의 100 m 달리기 기록을 조사하여 나타낸 히스토그램이다. 다음 중 옳지 <u>않은</u> 것은?

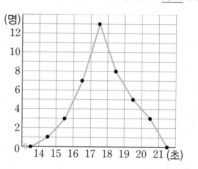

① 계급의 개수는 7개이다.
② 계급의 크기는 1초이다.
③ 기록이 18초 이상인 학생은 전체의 40 %이다.
④ 도수가 가장 큰 계급은 17초 이상 18초 미만이다.
⑤ 달리기를 5번째로 잘하는 학생이 속하는 계급은 19초 이상 20초 미만이다.

1

다음은 어느 학교 독서반 학생 20명이 지난 학기 동안 읽은 책의 권수를 조사하여 나타낸 상대도수의 분포표이다. 물음에 답하시오.

책의 권수(권)	도수(명)	상대도수
$5^{이상} \sim 10^{미만}$	2	
10 ~ 15	4	
15 ~ 20	9	
20 ~ 25	3	
25 ~ 30	2	
합계	20	A

(1) 각 계급의 상대도수를 구하여 위의 표를 완성하시오.

(2) A의 값을 구하시오.

2

다음은 민주네 반 학생 50명의 수학 점수를 조사하여 나타낸 상대도수의 분포표이다. 물음에 답하시오.

수학 점수(점)	도수(명)	상대도수
$50^{이상} \sim 60^{미만}$	13	
60 ~ 70	17	
70 ~ 80	9	
80 ~ 90	4	
90 ~ 100	7	
합계	50	

(1) 각 계급의 상대도수를 구하여 위의 표를 완성하시오.

(2) 상대도수가 가장 큰 계급을 구하시오.

3

다음은 경준이네 반 학생들의 100 m 달리기 기록을 조사하여 나타낸 상대도수의 분포표이다. □ 안에 알맞은 수를 쓰고, 물음에 답하시오.

달리기 기록(초)	도수(명)	상대도수
$12^{이상} \sim 13^{미만}$	1	
13 ~ 14	C	0.25
14 ~ 15	6	
15 ~ 16	D	
16 ~ 17	3	
17 ~ 18	2	0.1
합계	B	A

(1) A의 값을 구하시오.

⇨ 상대도수의 총합은 항상 □이므로 $A=$□

(2) B의 값을 구하시오.

⇨ (도수의 총합)$=\dfrac{(\text{그 계급의 도수})}{(\text{어떤 계급의 상대도수})}$이므로

17초 이상 18초 미만인 계급의 도수와 상대도수를 이용하면

$B=\dfrac{□}{0.1}=$□

(3) C의 값을 구하시오.

⇨ (어떤 계급의 도수)

$=$(도수의 총합)$\times$(그 계급의 상대도수)이므로

$C=$□$\times 0.25=$□

(4) D의 값을 구하시오.

⇨ $D=$□$-(1+$□$+6+3+2)=$□

(5) 각 계급의 상대도수를 구하여 표를 완성하시오.

4

다음은 승훈이네 반 학생 40명의 영어 점수를 조사하여 나타낸 상대도수의 분포표이다. 물음에 답하시오.

영어 점수(점)	도수(명)	상대도수
$50^{이상} \sim 60^{미만}$	6	0.15
60 ~ 70	8	A
70 ~ 80	B	0.35
80 ~ 90	10	C
90 ~ 100	D	0.05
합계	40	E

(1) 위의 표에서 $A \sim E$의 값을 각각 구하시오.

_____

(2) 영어 점수가 60점 이상 80점 미만인 학생은 전체의 몇 %인지 구하시오.

_____

5

다음은 진우네 학교 학생들의 등교 시간을 조사하여 나타낸 상대도수의 분포표이다. 물음에 답하시오.

등교 시간(분)	도수(명)	상대도수
$0^{이상} \sim 10^{미만}$	A	0.3
10 ~ 20	9	0.18
20 ~ 30	B	C
30 ~ 40	4	
40 ~ 50	1	
합계	D	E

(1) 위의 표에서 $A \sim E$의 값을 각각 구하시오.

_____

(2) 등교 시간이 10분 이상 30분 미만인 학생은 전체의 몇 %인지 구하시오.

_____

1

오른쪽은 미주네 반 학생들의 여름 방학 동안의 봉사 활동 횟수를 조사하여 나타낸 상대도수의 분포표이다. 이 상대도수의 분포표를 도수분포다각형 모양의 그래프로 나타내시오.

횟수(회)	상대도수
3^{이상} ~ 6^{미만}	0.15
6 ~ 9	0.25
9 ~ 12	0.3
12 ~ 15	0.2
15 ~ 18	0.1
합계	1

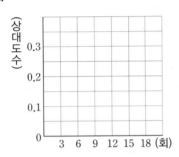

2

오른쪽은 선아네 반 학생들의 오래 매달리기 기록을 조사하여 나타낸 상대도수의 분포표이다. 이 상대도수의 분포표를 도수분포다각형 모양의 그래프로 나타내시오.

기록(초)	상대도수
10^{이상} ~ 20^{미만}	0.08
20 ~ 30	0.18
30 ~ 40	0.4
40 ~ 50	0.2
50 ~ 60	0.14
합계	1

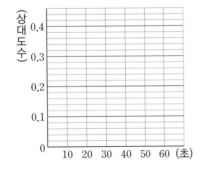

3

다음은 어느 중학교 야구부 학생 50명의 키에 대한 상대도수의 분포를 나타낸 그래프이다. 물음에 답하시오.

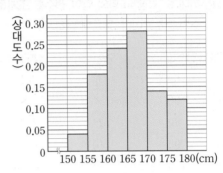

(1) 상대도수가 가장 큰 계급과 가장 작은 계급을 각각 구하시오.

상대도수가 가장 큰 계급: _____

상대도수가 가장 작은 계급: _____

(2) 도수가 가장 큰 계급과 가장 작은 계급을 각각 구하시오.

도수가 가장 큰 계급: _____

도수가 가장 작은 계급: _____

(3) 155 cm 이상 160 cm 미만인 계급의 상대도수를 구하시오.

_____

(4) 155 cm 이상 160 cm 미만인 계급의 도수를 구하시오.

_____

(5) 키가 160 cm 미만인 학생은 전체의 몇 %인지 구하시오.

4

다음은 지은이네 학교 학생 200명의 일주일 동안의 운동 시간에 대한 상대도수의 분포를 나타낸 그래프이다. 물음에 답하시오.

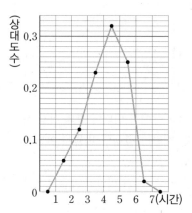

⑴ 1시간 이상 3시간 미만인 계급의 상대도수의 합을 구하시오.

———————————

⑵ 운동 시간이 1시간 이상 3시간 미만인 학생 수를 구하시오.

———————————

5

아래는 재민이네 동아리 학생 50명의 아침 식사 시간에 대한 상대도수의 분포를 나타낸 그래프이다. 다음 중 옳지 않은 것은?

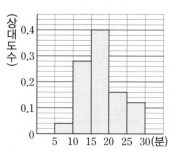

① 계급의 크기는 5분이다.
② 아침 식사 시간이 15분 미만인 학생은 16명이다.
③ 도수가 가장 큰 계급은 15분 이상 20분 미만이다.
④ 아침 식사 시간이 20분 이상 30분 미만인 학생은 전체의 26 %이다.
⑤ 아침 식사 시간이 8번째로 긴 학생이 속하는 계급은 20분 이상 25분 미만이다.

1

다음은 어느 중학교 1학년과 2학년의 영어 점수를 조사하여 나타낸 상대도수의 분포표이다. 물음에 답하시오.

영어 점수(점)	1학년		2학년	
	도수(명)	상대도수	도수(명)	상대도수
50^{이상} ~ 60^{미만}	30	0.15	30	0.12
60 ~ 70	40	0.2		0.22
70 ~ 80				
80 ~ 90	60		75	
90 ~ 100		0.1	10	0.04
합계	200	1		1

(1) 위의 상대도수의 분포표를 완성하시오.

(2) 1학년과 2학년의 상대도수가 같은 계급을 구하시오.

_____

(3) (2)의 계급에 속하는 1학년 학생 수와 2학년 학생 수를 각각 구하시오.

1학년: _____

2학년: _____

(4) (2), (3)에서 어떤 계급의 상대도수가 같으면 그 계급의 도수도 같다고 할 수 있는지 말하시오.

_____

2

다음은 어떤 중학교 1학년 A반과 B반 학생들의 일주일 동안의 인터넷 강의 시청 시간에 대한 상대도수의 분포를 나타낸 그래프이다. 물음에 답하시오.

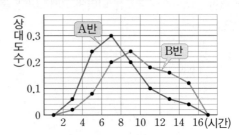

(1) A반과 B반 중에서 인터넷 강의 시청 시간이 6시간 이상 8시간 미만인 학생의 비율은 어느 반이 더 높은지 구하시오.

⇨ 6시간 이상 8시간 미만인 계급의 상대도수는

A반: _____, B반: _____

따라서 6시간 이상 8시간 미만인 학생의 비율은

_____반 학생이 더 높다.

(2) A반과 B반 중에서 인터넷 강의 시청 시간이 대체적으로 더 긴 반을 구하시오.

_____

3

다음은 A중학교와 B중학교 학생들의 일주일 동안의 독서 시간에 대한 상대도수의 분포를 나타낸 그래프이다. 물음에 답하시오.

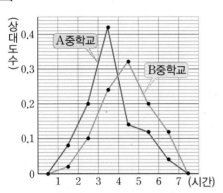

(1) A중학교의 상대도수가 B중학교의 상대도수보다 큰 계급을 모두 구하시오.

(2) A, B 두 중학교 중에서 독서 시간이 5시간 이상 6시간 미만인 학생의 비율은 어느 학교가 더 높은지 구하시오.

(3) A, B 두 중학교의 학생 수가 각각 250명, 300명일 때, 독서 시간이 3시간 이상 4시간 미만인 학생 수를 각각 구하시오.

A중학교: _____

B중학교: _____

(4) A, B 두 중학교 중에서 독서 시간이 대체적으로 더 긴 학교를 구하시오.

4

아래는 어느 중학교 1학년과 2학년 학생들의 몸무게에 대한 상대도수의 분포를 나타낸 그래프이다. 다음 중 옳지 <u>않은</u> 것을 모두 고르면? (정답 2개)

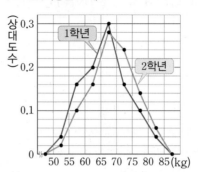

① 1학년에서 도수가 가장 큰 계급의 상대도수는 0.3이다.

② 65 kg 이상 70 kg 미만인 계급의 학생 수는 1학년이 2학년보다 더 많다.

③ 2학년 학생 중 몸무게가 75 kg 이상인 학생은 2학년 학생 전체의 14 %이다.

④ 1, 2학년 학생 중에서 몸무게가 85 kg 이상인 학생은 없다.

⑤ 1학년 학생 중에서 몸무게가 60 kg 미만인 학생 수가 60명이면 1학년 전체 학생 수는 300명이다.

01 점, 선, 면

1 답 (1) ○ (2) × (3) ○ (4) ○ (5) ○ (6) × (7) ×

2 답 (1) 점 B (2) 점 A (3) 점 D (4) $\overline{BC}$ (5) $\overline{AD}$

3 답 (1) 점 B (2) 점 F (3) $\overline{AC}$ (4) $\overline{CF}$

4 답 (1) 4개, 6개 (2) 6개, 9개 (3) 8개, 12개 (4) 6개, 10개

5 답 ③
③ 삼각기둥의 교점의 개수는 6개이고, 교선의 개수는 9개이다.
⑤ 사각뿔에서 면의 개수는 5개이고, 교점의 개수도 5개이다.
따라서 옳지 않은 것은 ③이다.

6 답 25
교점의 개수는 꼭짓점의 개수와 같으므로 10개이다. 즉, $a=10$
교선의 개수는 모서리의 개수와 같으므로 15개이다. 즉, $b=15$
∴ $a+b=10+15=25$

02 직선, 반직선, 선분

1 답 (1) $\overline{MN}$ (2) $\overrightarrow{MN}$ (3) $\overrightarrow{NM}$ (4) $\overleftrightarrow{MN}$

2 답 (1) ~ (5)

3 답 (1) ≠ (2) = (3) ≠ (4) =
(5) = (6) ≠ (7) = (8) ≠

4 답 ②, ⑤
② 점 A를 시작점으로 하여 점 B의 방향으로 뻗어 나가는 반직선
⑤ 점 A와 점 C를 양 끝 점으로 하는 선분

5 답 18
네 점 A, B, C, D 중 두 점을 이어서 만들 수 있는 직선은
$\overleftrightarrow{AB}$, $\overleftrightarrow{AC}$, $\overleftrightarrow{AD}$, $\overleftrightarrow{BC}$, $\overleftrightarrow{BD}$, $\overleftrightarrow{CD}$의 6개이다. 즉, $a=6$
네 점 A, B, C, D 중 두 점을 이어서 만들 수 있는 반직선은
$\overrightarrow{AB}$, $\overrightarrow{AC}$, $\overrightarrow{AD}$, $\overrightarrow{BA}$, $\overrightarrow{BC}$, $\overrightarrow{BD}$, $\overrightarrow{CA}$, $\overrightarrow{CB}$, $\overrightarrow{CD}$, $\overrightarrow{DA}$, $\overrightarrow{DB}$, $\overrightarrow{DC}$의 12개이다. 즉, $b=12$
∴ $a+b=6+12=18$

03 두 점 사이의 거리 / 선분의 중점

1 답 (1) 4 cm (2) 6 cm (3) 5 cm (4) 8 cm

2 답 (1) 16 cm (2) 8 cm (3) 14 cm (4) 12 cm

3 답 (1) $\frac{1}{2}$ (2) 2 (3) 2 (4) $\frac{1}{2}$ (5) $\frac{1}{4}$

4 답 (1) 2, 2 (2) $\frac{1}{2}$, 2 (3) 2

5 답 (1) 4 cm (2) 2 cm (3) 6 cm

6 답 ④
① $\overline{AM}=\overline{MN}=\overline{NB}$
② $\overline{AN}=2\overline{AM}$ ∴ $\overline{AM}=\frac{1}{2}\overline{AN}$
③ $\overline{AN}=2\overline{MN}=\overline{MB}$
④ $\overline{AN}=2\overline{MN}=2\overline{NB}$
⑤ $\overline{AM}=\frac{1}{3}\overline{AB}$이므로 $\overline{AN}=2\overline{AM}=\frac{2}{3}\overline{AB}$
따라서 옳지 않은 것은 ④이다.

7 답 ③
$\overline{AC}=\overline{AB}+\overline{BC}=2\overline{MB}+2\overline{BN}=2\overline{MN}=2\times6=12(cm)$

04 각

1 답 (1) ∠ABC, ∠CBA (2) ∠ACB, ∠BCA

2 답 (1) 예각 (2) 직각 (3) 예각 (4) 둔각 (5) 평각 (6) 둔각

3 답 (1) 평각 (2) 직각 (3) 예각 (4) 예각 (5) 둔각 (6) 예각
(7) 둔각

4 답 (1) 예각 (2) 직각 (3) 평각 (4) 예각 (5) 둔각 (6) 직각
(7) 둔각

5 답 ④
$20°+90°+∠x=180°$에서 $110°+∠x=180°$
∴ $∠x=70°$

6 답 ⑤
$60+x+(3x-12)=180$에서 $4x=132$
∴ $x=33$

05 맞꼭지각

1 답 (1) ∠DOE (2) ∠COD (3) ∠BOC (4) ∠BOD
(5) ∠DOF

2 답 (1) 50° (2) 40° (3) 90° (4) 140° (5) 130°

3 답 (1) 42° (2) 95°

4 답 (1) ∠x=100°, ∠y=80° (2) ∠x=75°, ∠y=65°
(3) ∠x=35°, ∠y=85°

5 답 ②
$2x+30=140$ (맞꼭지각)에서 $2x=110$ ∴ $x=55$
$140+y=180$ ∴ $y=40$
∴ $x-y=55-40=15$

6 답 ③
$(2x+10)+(3x-22)+x=180$
에서
$6x-12=180, 6x=192$
∴ $x=32$

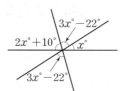

06 직교와 수선

1 답 (1) $\overline{AD} \perp \overline{PB}$ (2) 점 B (3) $\overline{PB}$

2 답 (1) 점 B (2) $\overline{BC}$ (3) $\overline{BD}$

3 답 (1) 점 H (2) $\overline{AH}$ (3) 3 cm

4 답 (1) 점 E (2) $\overline{AE}$ (3) 4 cm

5 답 ⑤
⑤ 점 B와 $\overleftrightarrow{CD}$ 사이의 거리는 $\overline{BH}$의 길이이다.

6 답 ⑤
① $\overline{AB}$와 $\overline{AD}$의 교점은 점 A이다.
② $\overline{AB}$와 $\overline{CD}$는 직교하지 않는다.
③ $\overline{AD}$의 수선은 $\overline{AB}$이다.
④ 점 D에서 $\overline{AB}$에 내린 수선의 발은 점 A이다.
⑤ 점 A와 $\overline{BC}$ 사이의 거리는 $\overline{AB}$의 길이와 같으므로 6 cm이다.
따라서 옳은 것은 ⑤이다.

07 점과 직선, 점과 평면의 위치 관계

1 답 (1) 점 B, 점 D (2) 점 A, 점 C, 점 E

2 답 (1) 점 C, 점 D, 점 E (2) 점 A, 점 B

3 답 (1)× (2)× (3)○ (4)○ (5)× (6)○

4 답 (1) 모서리 AB, 모서리 AD, 모서리 AE
(2) 모서리 CG, 모서리 FG, 모서리 HG
(3) 점 A, 점 B (4) 점 E, 점 F, 점 G, 점 H
(5) 점 G, 점 H (6) 점 C, 점 G, 점 H, 점 D

5 답 ②
② 점 C는 직선 l 위에 있다.

6 답 ④
① 직선 l 위에 있지 않은 점은 점 C, 점 D의 2개이다.
② 평면 P 위에 직선 l이 있으므로 두 점 A, B는 직선 l 위에 있고, 평면 P 위에 있다.
③ 점 C는 직선 l 위에 있지 않다.
⑤ 점 D는 직선 l 위에 있지 않고, 평면 P 위에 있지 않다.
따라서 옳은 것은 ④이다.

08 평면에서 두 직선의 위치 관계

1 답 (1) $\overline{DE}$ (2) $\overline{BC}$ (3) $\overline{AF}, \overline{BC}$ (4) $\overline{AF}, \overline{DE}$
(5) $\overline{CD}, \overline{DE}$

2 답 (1) $\overline{BC}$ (2) $\overline{CD}$ (3) $\overline{AD}, \overline{BC}$ (4) $\overline{AD}, \overline{BC}$
(5) $\overline{AB}, \overline{AD}$

3 답 (1)× (2)○ (3)○ (4)× (5)○ (6)×

4 답 ③, ④
① 변 BC와 변 AF의 연장선은 한 점에서 만난다.
② 변 AB와 변 DE의 연장선은 평행하므로 만나지 않는다.
③ 변 AB와 변 CD의 연장선은 한 점에서 만난다.
④ 변 EF와 한 점에서 만나는 변은 변 AF와 변 DE이다.
⑤ 변 CD와 변 AF의 연장선은 만나지 않으므로 평행하다.
따라서 옳지 않은 것은 ③, ④이다.

5 답 ②
② $l /\!/ m$, $m \perp n$이면 $l \perp n$이다.

09 공간에서 두 직선의 위치 관계

1 답 (1) $\overline{AC}$, $\overline{AD}$, $\overline{BC}$, $\overline{BE}$ (2) $\overline{DE}$ (3) $\overline{DF}$
(4) $\overline{CF}$, $\overline{DF}$, $\overline{EF}$ (5) $\overline{BE}$, $\overline{DE}$, $\overline{EF}$

2 답 (1) $\overline{DE}$, $\overline{GH}$, $\overline{JK}$ (2) $\overline{CD}$, $\overline{GL}$, $\overline{IJ}$
(3) $\overline{BC}$, $\overline{EF}$, $\overline{HI}$,
(4) $\overline{CI}$, $\overline{DJ}$, $\overline{EK}$, $\overline{FL}$, $\overline{GL}$, $\overline{HI}$, $\overline{IJ}$, $\overline{KL}$
(5) $\overline{AG}$, $\overline{BH}$, $\overline{CI}$, $\overline{FL}$, $\overline{AF}$, $\overline{BC}$, $\overline{CD}$, $\overline{EF}$

3 답 (1) 꼬인 위치에 있다. (2) 한 점에서 만난다.
(3) 꼬인 위치에 있다. (4) 평행하다.
(5) 평행하다.

4 답 ⑤
①, ②, ③, ④ 한 점에서 만난다.
⑤ 꼬인 위치에 있다.
따라서 모서리 AB와의 위치 관계가 나머지 넷과 다른 하나는
⑤이다.

5 답 4
모서리 AB와 평행한 모서리는 $\overline{DE}$의 1개이므로
$a=1$
모서리 AB와 꼬인 위치에 있는 모서리는 $\overline{CF}$, $\overline{DF}$, $\overline{EF}$의 3개
이므로
$b=3$
∴ $a+b=1+3=4$

10 공간에서 직선과 평면, 두 평면의 위치 관계

1 답 (1) $\overline{EF}$, $\overline{FG}$, $\overline{GH}$, $\overline{EH}$ (2) 면 ABCD, 면 CGHD
(3) 면 ABCD, 면 EFGH (4) 면 AEHD, 면 BFGC
(5) $\overline{AE}$, $\overline{BF}$, $\overline{CG}$, $\overline{DH}$ (6) 5 cm

2 답 (1) 6개 (2) 2개 (3) 2개 (4) 2개 (5) 6개 (6) 6개

3 답 (1) 면 ABED, 면 BCFE, 면 ACFD
(2) 면 DEF
(3) 면 ABED, 면 BCFE, 면 ACFD
(4) $\overline{AC}$

4 답 (1) 3개 (2) 1개 (3) 5개 (4) 5개 (5) 2개

5 답 8
모서리 AD와 평행한 면은
면 BFGC, 면 EFGH의 2개이므로 $x=2$
모서리 CG와 수직인 면은
면 ABCD, 면 EFGH의 2개이므로 $y=2$
모서리 BF와 꼬인 위치에 있는 모서리는
$\overline{AD}$, $\overline{CD}$, $\overline{EH}$, $\overline{GH}$의 4개이므로 $z=4$
∴ $x+y+z=2+2+4=8$

6 답 4쌍
서로 평행한 두 면은 면 ABCDEF와 면 GHIJKL,
면 BHGA와 면 DJKE, 면 BHIC와 면 FLKE,
면 CIJD와 면 AGLF의 4쌍이다.

11 동위각과 엇각

1 답 (1) $\angle e$ (2) $\angle f$ (3) $\angle g$ (4) $\angle b$ (5) $\angle d$

2 답 (1) $\angle g$ (2) $\angle h$ (3) $\angle b$ (4) $\angle a$

3 답 (1) 40 (2) 60 (3) $\angle c$, 120 (4) $\angle c$, 120 (5) $\angle d$, 140

4 답 (1) 55 (2) 95 (3) $\angle d$, 85 (4) $\angle b$, 125 (5) $\angle c$, 55

5 답 120°
오른쪽 그림에서 $\angle x$의 엇각은 $\angle a$이다.
∴ $\angle a=180°-60°=120°$

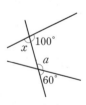

6 답 ④
④ $\angle e$의 엇각은 $\angle b$이므로 $\angle e$의 엇각의 크기는 95°이다.
⑤ $\angle f$의 동위각은 $\angle c$이므로 $\angle f$의 동위각의 크기는
$\angle c=180°-95°=85°$
따라서 옳지 않은 것은 ④이다.

12 평행선의 성질

1 답 (1) 120° (2) 70° (3) 40° (4) 65°

2 답 (1) $\angle x=110°$, $\angle y=110°$ (2) $\angle x=60°$, $\angle y=120°$
　　(3) $\angle x=145°$, $\angle y=35°$ (4) $\angle x=55°$, $\angle y=125°$

3 답 (1) ○ (2) × (3) ○ (4) × (5) ○

4 답 ④
$\angle e=60°$ (맞꼭지각), $\angle f=\angle g=180°-60°=120°$ (맞꼭지각)
① $\angle a$의 동위각인 $\angle e$와 크기가 같으므로 $l /\!/ m$이다.
② $\angle b$의 동위각인 $\angle f$와 크기가 같으므로 $l /\!/ m$이다.
③ $\angle c$의 엇각인 $\angle e$와 크기가 같으므로 $l /\!/ m$이다.
④ 네 각 $\angle a$, $\angle b$, $\angle c$, $\angle d$의 크기를 알 수 없으므로
　두 직선 l, m 사이의 관계를 알 수 없다.
⑤ $\angle c=180°-\angle g=180°-120°=60°$
　즉, 동위각의 크기가 같으므로 $l /\!/ m$이다.
따라서 적절하지 않은 것은 ④이다.

5 답 $x=48$, $y=76$
오른쪽 그림에서 $l /\!/ m$이므로 동위각
의 크기는 같고, 평각의 크기는 180°
이므로
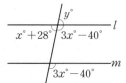
$(x+28)+(3x-40)=180$
$4x-12=180$, $4x=192$
$\therefore x=48$
또 맞꼭지각의 크기는 같으므로
$y=x+28=48+28=76$

⑬ 평행선의 활용

1 답 (1) $\angle x=20°$, $\angle y=64°$ (2) $\angle x=45°$, $\angle y=60°$
　　(3) $\angle x=55°$, $\angle y=65°$ (4) $\angle x=30°$, $\angle y=40°$
　　(5) $\angle x=40°$, $\angle y=32°$ (6) $\angle x=45°$, $\angle y=25°$

2 답 (1) $\angle x=32°$, $\angle y=23°$ (2) $\angle x=60°$, $\angle y=30°$
　　(3) $\angle x=35°$, $\angle y=30°$

3 답 277°
오른쪽 그림과 같이 두 직선 l, m과 평
행한 직선 n을 그으면
$\angle x=143°+134°=277°$
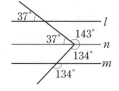

4 답 15°
오른쪽 그림과 같이 두 직선 l, m과 평
행한 직선 p, q를 그으면
$\angle x=15°$ (엇각)
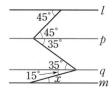

⑭ 작도(1) – 길이가 같은 선분의 작도

1 답 (1) 눈금 없는 자, 컴퍼스 (2) 눈금 없는 자 (3) 컴퍼스

2 답 (1) ○ (2) × (3) ○ (4) ○ (5) × (6) ○

3 답 (1) P (2) $\overline{AB}$ (3) P, $\overline{AB}$, Q, $\overline{PQ}$

4 답 ㄴ, ㄷ
ㄱ. 눈금 없는 자와 컴퍼스만을 사용하여 도형을 그리는 것을 작
　도라 한다.
ㄹ. 두 점을 연결하는 선분을 그릴 때는 눈금 없는 자를 사용한다.
따라서 옳은 것은 ㄴ, ㄷ이다.

5 답 ④
ⓒ 반직선 $\overrightarrow{AB}$ 위에 점 C를 잡는다.
㉠ 컴퍼스를 사용하여 $\overline{AB}$의 길이를 잰다.
ⓛ 점 C를 중심으로 반지름의 길이가 $\overline{AB}$인 원을 그려 $\overrightarrow{AB}$와의
　교점을 D라 하면 $\overline{AB}=\overline{CD}$이다.

6 답 ⑤
①, ②, ③, ④ 컴퍼스를 사용하여 점 B를 중심으로 반지름의 길이
　가 $\overline{AB}$인 원을 그려 $\overrightarrow{AB}$와 만나는 점 중 A가 아닌 점을 C라
　하면 $\overline{AB}=\overline{BC}$이므로 $\overline{AB}=\dfrac{1}{2}\overline{AC}$
따라서 옳지 않은 것은 ⑤이다.

⑮ 작도(2) – 크기가 같은 각의 작도

1 답 (1) 원, A, B (2) $\overrightarrow{PQ}$, C (3) B, 반지름
　　(4) C, D (5) $\angle$DPQ (또는 $\angle$DPC)

2 답 (1) P (2) C, B (3) $\overline{AB}$ (또는 $\overline{AC}$), R
　　(4) B, $\overline{BC}$ (5) R, Q (6) 평행

3 답 ④

① 두 점 A, B는 점 O를 중심으로 하는 한 원 위에 있으므로 $\overline{OA}=\overline{OB}$

② 점 C는 점 P를 중심으로 하고 반지름의 길이가 $\overline{OB}$인 원 위에 있으므로 $\overline{OB}=\overline{PC}$

③ 점 C는 점 D를 중심으로 하고 반지름의 길이가 $\overline{AB}$인 원 위에 있으므로 $\overline{AB}=\overline{CD}$

④ $\overline{OB}=\overline{PD}$이고 $\overline{AB}=\overline{CD}$이지만 $\overline{OB}=\overline{CD}$인지는 알 수 없다.

⑤ ∠CPD는 ∠XOY와 크기가 같은 각이므로 ∠AOB=∠CPD
따라서 옳지 않은 것은 ④이다.

4 답 ③

①, ② 두 점 A, B는 점 O를 중심으로 하는 한 원 위에 있고, 두 점 C, D는 점 P를 중심으로 하고 반지름의 길이가 $\overline{OA}$인 원 위에 있으므로 $\overline{OA}=\overline{OB}=\overline{PC}=\overline{PD}$

③ 점 D는 점 C를 중심으로 하고 반지름의 길이가 $\overline{AB}$인 원 위에 있으므로 $\overline{AB}=\overline{CD}$
또 $\overline{PD}=\overline{OB}$이지만 $\overline{AB}=\overline{PD}$인지는 알 수 없다.

④, ⑤ 두 점 O, B와 두 점 P, D는 각각 직선 l, 직선 m 위에 있다.
이때 $l /\!/ m$이므로 $\overrightarrow{OB} /\!/ \overrightarrow{PD}$이고 두 점 A, C는 점 P를 지나는 한 직선 위에 있으므로 ∠AOB=∠CPD (동위각)이다.
따라서 옳지 않은 것은 ③이다.

⑯ 삼각형의 세 변의 길이 사이의 관계

1 답 (1) $\overline{EF}$ (2) $\overline{DF}$ (3) $\overline{DE}$ (4) ∠F (5) ∠D (6) ∠E

2 답 (1) 5 cm (2) 3 cm (3) 4 cm

3 답 (1) 60° (2) 77° (3) 43°

4 답 (1) × (2) ○ (3) × (4) ○ (5) × (6) ○

5 답 ①, ④

① 6>2+3이므로 삼각형을 만들 수 없다.

② 5<3+4이므로 삼각형을 만들 수 있다.

③ 8<4+6이므로 삼각형을 만들 수 있다.

④ 10=5+5이므로 삼각형을 만들 수 없다.

⑤ 9<5+6이므로 삼각형을 만들 수 있다.
따라서 삼각형의 세 변의 길이가 될 수 없는 것은 ①, ④이다.

6 답 5, 17, 12, 7, 7, 17

⑰ 삼각형의 작도

1 답 (1) ○ (2) × (3) ○ (4) ○

2 답 (1) $\overline{BC}$ (2) c (3) b, A (4) $\overline{AC}$, △ABC

3 답 (1) ∠B (2) a, C (3) c, A (4) $\overline{AC}$

4 답 (1) $\overline{BC}$ (2) ∠YBC, ∠XCB (3) A

5 답 ④

다음의 두 가지 방법으로 삼각형을 작도할 수 있다.

(i) 각을 먼저 작도한 후에 두 변을 작도한다. ⇨ ①, ⑤

(ii) 한 변을 먼저 작도한 후에 각을 작도하고 나서 다른 한 변을 작도한다. ⇨ ②, ③

따라서 작도하는 순서로 옳지 않은 것은 ④이다.

6 답 ⑤

다음의 두 가지 방법으로 삼각형을 작도할 수 있다.

(i) 한 변을 먼저 작도한 후에 두 각을 작도한다. ⇨ ①, ②

(ii) 한 각을 먼저 작도한 후에 변을 작도하고 나서 다른 한 각을 작도한다. ⇨ ③, ④

따라서 작도하는 순서로 옳지 않은 것은 ⑤이다.

⑱ 삼각형이 하나로 정해지는 조건

1 답 (1) ○ (2) × (3) × (4) ○ (5) ○ (6) × (7) ○ (8) ○ (9) ×

2 답 (1) $\overline{CA}$ (2) ∠B

3 답 (1) $\overline{AB}$ (2) ∠B, ∠C (또는 ∠C, ∠B)

4 답 ②

① 세 변의 길이가 주어졌고, 10<5+8이므로 △ABC가 하나로 정해진다.

② ∠A는 $\overline{AB}$와 $\overline{BC}$의 끼인각이 아니므로 △ABC가 하나로 정해지지 않는다.

③ 한 변의 길이와 그 양 끝 각의 크기가 주어졌으므로 △ABC가 하나로 정해진다.

④ 두 변의 길이와 그 끼인각의 크기가 주어졌으므로 △ABC가 하나로 정해진다.

⑤ $\angle C = 180° - (\angle A + \angle B) = 180° - (70° + 50°) = 60°$

즉, 한 변의 길이와 그 양 끝 각의 크기가 주어진 것과 같으므로 △ABC가 하나로 정해진다.

따라서 △ABC가 하나로 정해지지 않는 것은 ②이다.

5 답 ㄴ, ㄹ

두 변의 길이가 주어졌으므로 그 끼인각인 ∠B의 크기(ㄴ) 또는 나머지 한 변인 $\overline{CA}$의 길이(ㄹ)가 주어지면 △ABC가 하나로 정해진다.

---

⑲ 도형의 합동

1 답 ⑴ 점 E, 점 F, 점 G, 점 H ⑵ $\overline{EF}$, $\overline{FG}$, $\overline{GH}$, $\overline{HE}$
⑶ $\angle E$, $\angle F$, $\angle G$, $\angle H$

2 답 ⑴ 점 E ⑵ $25°$ ⑶ $100°$ ⑷ $55°$ ⑸ $6\,cm$ ⑹ $7\,cm$

3 답 ⑴ 65, 3, 5 ⑵ 8, 30, 60

4 답 ⑴ 70, 120, 10 ⑵ 80, 75, 9

5 답 ③
③ $\overline{BC}$의 대응변은 $\overline{ED}$이므로 $\overline{BC}$의 길이는 $\overline{ED}$의 길이와 같다.

6 답 ④
① $\overline{AB}$의 대응변은 $\overline{EF}$이므로 $\overline{AB} = \overline{EF} = 3\,cm$
② $\overline{FG}$의 대응변은 $\overline{BC}$이므로 $\overline{FG} = \overline{BC} = 4\,cm$
③ $\angle B$의 대응각은 $\angle F$이므로 $\angle B = \angle F = 140°$
④ $\angle D$의 대응각은 $\angle H$이므로 $\angle D = \angle H = 75°$
⑤ $\angle G$의 대응각은 $\angle C$이므로 $\angle G = \angle C = 80°$
따라서 옳지 않은 것은 ④이다.

---

⑳ 삼각형의 합동 조건

1 답 ⑴ SAS 합동 ⑵ ASA 합동 ⑶ SSS 합동
⑷ SAS 합동 ⑸ ASA 합동

2 답 ⑴ $\overline{DF}$ ⑵ $\angle E$

3 답 ⑴ $\overline{DE}$ ⑵ $\angle D$, $\angle F$

4 답 ⑴ ○ ⑵ ○ ⑶ × ⑷ ○ ⑸ ×

5 답 ㄷ, ㄹ
ㄷ. 대응하는 두 변의 길이가 각각 같고, 그 끼인각의 크기가 같으므로 △ABC≡△DEF (SAS 합동)
ㄹ. 대응하는 한 변의 길이가 같고, 그 양 끝 각의 크기가 각각 같으므로 △ABC≡△DEF (ASA 합동)
따라서 △ABC≡△DEF가 되는 경우는 ㄷ, ㄹ이다.

6 답 ②
|보기|의 삼각형에서 나머지 한 각의 크기는
$180° - (75° + 65°) = 40°$
② 한 변의 길이가 6 cm이고 그 양 끝 각의 크기가 40°, 65°인 삼각형이므로 |보기|의 삼각형과 합동이다. (ASA 합동)

㉑ 삼각형의 합동의 활용 ⑴

1 답 $\overline{BD}$, △CDB, SSS

2 답 $\overline{BM}$, $\angle BMP$, $\overline{BM}$, $\angle BMP$, SAS

3 답 $\angle DAC$, $\overline{AC}$, ASA

4 답 △ABD≡△CBD, SSS 합동
△ABD와 △CBD에서
$\overline{AB} = \overline{CB}$, $\overline{AD} = \overline{CD}$, $\overline{BD}$는 공통
따라서 대응하는 세 변의 길이가 각각 같으므로
△ABD≡△CBD (SSS 합동)

5 답 △ABD≡△CDB, SAS 합동
△ABD와 △CDB에서
$\overline{AB} = \overline{CD}$, $\angle ABD = \angle CDB$, $\overline{BD}$는 공통
따라서 대응하는 두 변의 길이가 각각 같고, 그 끼인각의 크기가 같으므로
△ABD≡△CDB (SAS 합동)

6 답 ④
△AOD와 △COB에서
$\overline{OA} = \overline{OC}$, $\angle OAD = \angle OCB$, $\angle O$는 공통
∴ △AOD≡△COB (ASA 합동)
따라서 △AOD와 △COB가 ASA 합동임을 설명하는 데 필요한 조건을 바르게 나열한 것은 ④이다.

22 삼각형의 합동의 활용 (2) - 정삼각형, 정사각형

1 답 $\overline{AD}$, 60°, SAS, $\overline{ED}$

2 답 $\overline{CD}$, ∠ACE, ∠ACE, SAS

3 답 $\overline{BC}$, 90°, SAS

4 답 △CAE
△ABD와 △CAE에서 $\overline{AD}=\overline{CE}$이고
△ABC는 정삼각형이므로
$\overline{AB}=\overline{CA}$, ∠BAD=∠ACE=60°
따라서 대응하는 두 변의 길이가 각각 같고, 그 끼인각의 크기가
같으므로
△ABD≡△CAE (SAS 합동)

5 답 SAS 합동
△EAB와 △EDC에서
사각형 ABCD가 정사각형이므로 $\overline{AB}=\overline{DC}$
△EBC가 정삼각형이므로 $\overline{BE}=\overline{CE}$, ∠EBC=∠ECB
∴ ∠ABE=90°−∠EBC
     =90°−∠ECB=∠DCE
즉, 대응하는 두 변의 길이가 각각 같고, 그 끼인각의 크기가 같
으므로
△EAB≡△EDC (SAS 합동)

6 답 ②
△BCF와 △GCD에서
사각형 ABCG와 사각형 FCDE가 정사각형이므로
$\overline{BC}=\overline{GC}$, $\overline{CF}=\overline{CD}$, ∠BCF=∠GCD=90°
즉, 대응하는 두 변의 길이가 각각 같고, 그 끼인각의 크기가 같
으므로
△BCF≡△GCD (SAS 합동) ⑤
따라서 $\overline{BF}=\overline{GD}$ (①), ∠BFC=∠GDC (③)
또 ∠FBC=∠DGC이고
$\overline{GC}/\!/\overline{ED}$이므로 ∠DGC=∠PDE (엇각)
∴ ∠FBC=∠PDE (④)
따라서 옳지 않은 것은 ②이다.

23 다각형

1 답 (1) × (2) ○ (3) ○ (4) × (5) ×

2 답 (1) 180°, 90° (2) 180°, 70° (3) 130° (4) 40°

3 답 (1) × (2) ○ (3) ○ (4) × (5) ○

4 답 $x=65$, $y=80$
$115+x=180$이므로
$x=180-115=65$
$y+(x+35)=180$이므로
$y+100=180$ ∴ $y=80$

5 답 ③, ⑤
③ 네 변의 길이가 모두 같은 사각형은 마름모이다.
⑤ 다각형의 한 꼭짓점에서 내각과 외각의 크기의 합은 180°이다.
따라서 옳지 않은 것은 ③, ⑤이다.

24 다각형의 대각선의 개수

1 답 (1) 1개 (2) 3개 (3) 5개 (4) 7개 (5) $(n-3)$개

2 답 (1) 2개 (2) 9개 (3) 20개 (4) 35개 (5) $\dfrac{n(n-3)}{2}$개

3 답 14, 28, 7, 7, 칠각형

4 답 54, 108, 9, 12, 십이각형

5 답 17
십일각형의 한 꼭짓점에서 그을 수 있는 대각선의 개수는
$11-3=8$(개)이므로 $a=8$
이때 생기는 삼각형의 개수는
$11-2=9$(개)이므로 $b=9$
∴ $a+b=8+9=17$

6 답 ④
대각선의 개수가 27개인 다각형을 n각형이라 하면
$\dfrac{n(n-3)}{2}=27$
$n(n-3)=54=9\times6$이므로 $n=9$
따라서 구하는 다각형은 구각형이다.

25 삼각형의 내각과 외각

1 답 (1) 180°, 60° (2) 180°, 120° (3) 40° (4) 65° (5) 70°
(6) 35°

2 답 (1) 45°, 115° (2) 30°, 120° (3) 120° (4) 100° (5) 80°
(6) 93°

3 답 ③
$(3x-15)+(x+25)+50=180$이므로
$4x=120$ ∴ $x=30$

4 답 85°
$\triangle ABC$에서
$\angle BAC=180°-(45°+55°)=80°$
∴ $\angle BAD=\dfrac{1}{2}\angle BAC$
$=\dfrac{1}{2}\times80°=40°$

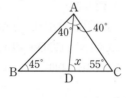

$\triangle ABD$에서
$\angle x=45°+40°=85°$

---

26 다각형의 내각과 외각의 크기의 합

1 답 (1) 720° (2) 1080° (3) 1260° (4) 1440° (5) 2340°

2 답 (1) 360° (2) 360° (3) 360° (4) 360° (5) 360°

3 답 ③
주어진 다각형을 n각형이라 하면 $n-3=4$ ∴ $n=7$
즉, 칠각형이다.
따라서 칠각형의 내각의 크기의 합은
$180°\times(7-2)=900°$

4 답 145°
육각형의 내각의 크기의 합은
$180°\times(6-2)=720°$이므로
$105°+120°+90°+(100°+20°)$
$\qquad\qquad +\angle x+100°=720°$
∴ $\angle x=145°$

5 답 80
오각형에서 외각의 크기의 합은
$360°$이므로
$87+(180-x)+44+56+73$
$=360$
$440-x=360$ ∴ $x=80$

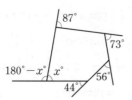

---

27 정다각형의 한 내각과 한 외각의 크기

1 답 (1) 120° (2) 135° (3) 140° (4) 144° (5) 150°

2 답 (1) 72° (2) 40° (3) 30° (4) 24° (5) $\dfrac{360°}{n}$

3 답 ②, ⑤
① 정오각형의 한 내각의 크기는
$\dfrac{180°\times(5-2)}{5}=108°$
② 정팔각형의 한 외각의 크기는
$\dfrac{360°}{8}=45°$
③ 정십각형의 한 내각의 크기는
$\dfrac{180°\times(10-2)}{10}=144°$
④ 한 내각의 크기가 140°인 정다각형을 정n각형이라 하면
$\dfrac{180°\times(n-2)}{n}=140°$
$180°\times n-360°=140°\times n$
$40°\times n=360°$
∴ $n=9$
즉, 정구각형이다.
⑤ 한 외각의 크기가 60°인 정다각형을 정n각형이라 하면
$\dfrac{360°}{n}=60°$
∴ $n=6$
즉, 정육각형이다.
따라서 옳지 않은 것은 ②, ⑤이다.

4 답 ④
주어진 정다각형을 정n각형이라 하면
$\dfrac{360°}{n}=30°$
∴ $n=12$
즉, 정십이각형이다.
따라서 정십이각형의 내각의 크기의 합은
$180°\times(12-2)=1800°$

5 답 ③
한 내각의 크기와 한 외각의 크기의 합은 180°이므로
(한 외각의 크기)$=180°\times\dfrac{2}{3+2}=72°$
구하는 정다각형을 정n각형이라 하면
$\dfrac{360°}{n}=72°$
∴ $n=5$
즉, 정오각형이다.

28 원과 부채꼴

1 답 (1), (2), (3), (4)

2 답 (1) $\overline{OA}$ (또는 $\overline{OB}$ 또는 $\overline{OC}$) (2) $\overline{BC}$ (3) $\overline{DE}$ (4) $\overset{\frown}{AC}$
(5) ∠AOB

3 답 (1) ○ (2) × (3) × (4) × (5) ○

4 답 ③
③ 원 위의 두 점 A, B를 양 끝 점으로 하는 호는 $\overset{\frown}{AB}$, $\overset{\frown}{ACB}$의
2개이다.

5 답 ④
원에서 길이가 가장 긴 현은 지름이므로
반지름의 길이가 6 cm인 원에서 가장 긴 현의 길이는
$6 \times 2 = 12$(cm)

29 부채꼴의 성질(1) – 호의 길이, 넓이

1 답 (1) = (2) = (3) = (4) =

2 답 (1) 45 (2) 10 (3) 160 (4) 3

3 답 (1) 12 (2) 100 (3) 4 (4) 30

4 답 $x=45$, $y=12$
부채꼴의 호의 길이는 중심각의 크기에 정비례하므로
$4:6=30:x$에서 $4x=180$
∴ $x=45$
$4:y=30:90$에서 $30y=360$
∴ $y=12$

5 답 ③
$∠AOB:∠COD=\overset{\frown}{AB}:\overset{\frown}{CD}=10:4=5:2$
부채꼴 COD의 넓이를 x cm²라 하면
$5:2=40:x$, $5x=80$
∴ $x=16$
따라서 부채꼴 COD의 넓이는 16 cm²이다.

30 부채꼴의 성질(2) – 현의 길이

1 답 (1) ○ (2) × (3) ○ (4) × (5) ○ (6) ×

2 답 (1) 8 (2) 11 (3) 40 (4) 30

3 답 (1) ○ (2) × (3) × (4) ○

4 답 50°
$\overline{AB}=\overline{CD}=\overline{DE}$에서 ∠AOB=∠COD=∠DOE이므로
∠COE=∠COD+∠DOE=∠AOB+∠AOB=2∠AOB
2∠AOB=100° ∴ ∠AOB=50°

5 답 ④
④ 현의 길이는 중심각의 크기에 정비례하지 않는다.

31 원의 둘레의 길이와 넓이

1 답 (1) $l=4\pi$, $S=4\pi$ (2) $l=12\pi$, $S=36\pi$
(3) $l=16\pi$, $S=64\pi$ (4) $l=14\pi$, $S=49\pi$
(5) $l=10\pi$, $S=25\pi$ (6) $l=24\pi$, $S=144\pi$
(7) $l=18\pi$, $S=81\pi$ (8) $l=20\pi$, $S=100\pi$

2 답 (1) $2\pi r$, 1, 1 (2) 8π, 4, 4 (3) 9π, 3, 3 (4) πr^2, 4, 4

3 답 12π cm, 12π cm²
주어진 그림의 색칠한 부분의 둘레의 길이를 l cm, 넓이를 S cm²
라 하면
$l=2\pi\times4+2\pi\times2=12\pi$(cm)
$S=\pi\times4^2-\pi\times2^2=12\pi$(cm²)

4 답 14π cm, 12π cm²
주어진 그림의 색칠한 부분의 둘레의 길이를 l cm, 넓이를 S cm²
라 하면
$l=(2\pi\times7)\times\dfrac{1}{2}+(2\pi\times4)\times\dfrac{1}{2}+(2\pi\times3)\times\dfrac{1}{2}$
$=14\pi$(cm)
$S=(\pi\times7^2)\times\dfrac{1}{2}-(\pi\times4^2)\times\dfrac{1}{2}-(\pi\times3^2)\times\dfrac{1}{2}$
$=12\pi$(cm²)

32 부채꼴의 호의 길이와 넓이

1 답 (1) 4π (2) $\dfrac{2}{3}\pi$ (3) 2π (4) 14π

2 답 (1) 9π (2) $\dfrac{3}{2}\pi$ (3) 6π (4) 20π

3 답 (1) 25π (2) 5π (3) 12π (4) 7π

4 답 ③

부채꼴의 중심각의 크기를 $x°$라 하면

$2\pi \times 3 \times \dfrac{x}{360} = 4\pi,\ \dfrac{\pi}{60}x = 4\pi$ $\therefore x = 240$

따라서 부채꼴의 중심각의 크기는 $240°$이다.

5 답 $\left(\dfrac{8}{3}\pi + 4\right)$ cm, $\dfrac{8}{3}\pi$ cm²

(색칠한 부분의 둘레의 길이)

= (부채꼴 AOB의 호의 길이)
  + (부채꼴 COD의 호의 길이) $+ \overline{AC} + \overline{BD}$

$= \left(2\pi \times 7 \times \dfrac{40}{360}\right) + \left(2\pi \times 5 \times \dfrac{40}{360}\right) + 2 + 2$

$= \dfrac{14}{9}\pi + \dfrac{10}{9}\pi + 4 = \dfrac{8}{3}\pi + 4$ (cm)

(색칠한 부분의 넓이)

= (부채꼴 AOB의 넓이) - (부채꼴 COD의 넓이)

$= \left(\pi \times 7^2 \times \dfrac{40}{360}\right) - \left(\pi \times 5^2 \times \dfrac{40}{360}\right)$

$= \dfrac{49}{9}\pi - \dfrac{25}{9}\pi = \dfrac{8}{3}\pi$ (cm²)

33 색칠한 부분의 넓이

1 답 (1) 2π (2) $\dfrac{25}{2}\pi$ (3) $\pi - 2$ (4) $72\pi - 144$

(5) $\dfrac{81}{2}\pi - 81$ (6) $18\pi - 36$

2 답 (1) 32 (2) 18 (3) 50 (4) 8 (5) $\dfrac{25}{4}\pi - \dfrac{25}{2}$

(6) $36\pi - 72$

3 답 $(4\pi + 8)$ cm²

(색칠한 부분의 넓이)

= (부채꼴 EFC의 넓이)
  + ($\triangle$EBF의 넓이)

$= \left(\pi \times 4^2 \times \dfrac{90}{360}\right) + \left(\dfrac{1}{2} \times 4 \times 4\right)$

$= 4\pi + 8$ (cm²)

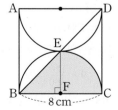

4 답 $(50\pi - 100)$ cm²

오른쪽 그림과 같이 도형을 이동하면
색칠한 부분의 넓이는

(반원 O의 넓이)
  - (삼각형 ABC의 넓이)

$= \left(\pi \times 10^2 \times \dfrac{1}{2}\right) - \left(\dfrac{1}{2} \times 20 \times 10\right)$

$= 50\pi - 100$ (cm²)

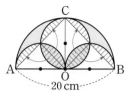

34 다면체

1 답 (1) ◯ (2) × (3) ◯ (4) ×

2 답 (1) 5개, 오면체 (2) 4개, 사면체 (3) 6개, 육면체
(4) 5개, 오면체

3 답 (1) 8개 (2) 9개 (3) 15개

4 답 (1) 6개 (2) 6개 (3) 8개

5 답

	오각기둥	칠각뿔	삼각뿔대
(1) 밑면의 모양	오각형	칠각형	삼각형
(2) 옆면의 모양	직사각형	삼각형	사다리꼴
(3) 면의 개수	7개	8개	5개
(4) 모서리의 개수	15개	14개	9개
(5) 꼭짓점의 개수	10개	8개	6개

6 답 ⑤

ㄱ. 정오각형은 평면도형이므로 다면체가 아니다.

ㄴ, ㄹ, ㅂ. 곡면을 포함한 입체도형이므로 다면체가 아니다.

따라서 다면체인 것은 ㄷ, ㅁ이다.

7 답 23

삼각기둥의 모서리의 개수는 $3 \times 3 = 9$(개)이므로 $a = 9$

오각뿔의 면의 개수는 $5 + 1 = 6$(개)이므로 $b = 6$

사각뿔대의 꼭짓점의 개수는 $4 \times 2 = 8$(개)이므로 $c = 8$

$\therefore a + b + c = 9 + 6 + 8 = 23$

35 정다면체

1 답 (1) ㄱ, ㄷ, ㅁ (2) ㄴ (3) ㄹ (4) ㄱ, ㄴ, ㄹ (5) ㄷ (6) ㅁ

2 답 (1) ◯ (2) ◯ (3) × (4) × (5) ◯

3 답 (1) ㄹ (2) ㅁ (3) ㄱ (4) ㄷ (5) ㄴ

4 답 ⑤

정다면체	정사면체	정육면체	정팔면체	정십이면체	정이십면체
면의 개수	4개	6개	8개	12개	20개
모서리의 개수	6개	12개	12개	30개	30개
꼭짓점의 개수	4개	8개	6개	20개	12개

따라서 옳지 않은 것은 ⑤이다.

5 답 18

㈎ 각 면이 모두 합동인 정삼각형
　　⇨ 정사면체, 정팔면체, 정이십면체
㈏ 각 꼭짓점에 모인 면의 개수가 4개
　　⇨ 정팔면체

따라서 조건을 모두 만족시키는 정다면체는 정팔면체이고, 모서리의 개수는 12개, 꼭짓점의 개수는 6개이므로
$x=12$, $y=6$
$\therefore x+y=12+6=18$

---

36 회전체

1 답 (1) ○ (2) × (3) × (4) ○ (5) ○

2 답 (1)

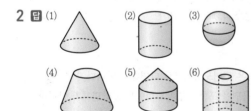

3 답 (1) ㄴ (2) ㄹ (3) ㄱ (4) ㄷ

4 답 ③

주어진 평면도형을 직선 l을 회전축으로 하여 1회전 시킬 때 생기는 입체도형은 오른쪽 그림과 같이 원뿔대이므로 모선이 되는 선분은 $\overline{AB}$이다.

5 답 ④

④

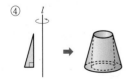

---

37 회전체의 성질

1 답 (1) ○ (2) ○ (3) ○ (4) × (5) ×

2 답 (1) 원, 직사각형 (2) 원, 이등변삼각형
　　(3) 원, 사다리꼴 (4) 원, 원

3 답 ②, ③
① 반구 – 반원
④ 원뿔 – 이등변삼각형
⑤ 원뿔대 – 사다리꼴
따라서 바르게 짝 지은 것은 ②, ③이다.

4 답 ③
③ 원기둥을 회전축에 수직인 평면으로 자를 때 생기는 단면은 원이고, 항상 합동이다.

5 답 ⑤
주어진 사다리꼴을 직선 l을 회전축으로 하여 1회전 시킬 때 생기는 회전체는 원뿔대이다.
원뿔대를 회전축을 포함하는 평면으로 자를 때 생기는 단면의 넓이는 처음 사다리꼴의 넓이의 2배이므로
$(단면의 넓이)=\left\{\dfrac{1}{2}\times(3+5)\times6\right\}\times2=48(\text{cm}^2)$

---

38 회전체의 전개도

1 답 (1) $a=4$, $b=8$ (2) $a=5$, $b=8$ (3) $a=6$, $b=10$
　　(4) $a=9$, $b=4$ (5) $a=8$, $b=3$ (6) $a=2$, $b=6$

2 답 둘레, 3, 6π

3 답 둘레, 6, 12π

4 답 $(16\pi+16)$ cm
작은 원의 둘레의 길이는 $2\pi\times3=6\pi(\text{cm})$
큰 원의 둘레의 길이는 $2\pi\times5=10\pi(\text{cm})$
따라서 원뿔대의 옆면의 둘레의 길이는
$6\pi+10\pi+8+8=16\pi+16(\text{cm})$

5 답 3 cm
밑면인 원의 반지름의 길이를 r cm라 하면
(부채꼴의 호의 길이)=(밑면인 원의 둘레의 길이)이므로
$2\pi\times9\times\dfrac{120}{360}=2\pi r$　　$\therefore r=3$
따라서 밑면의 반지름의 길이는 3 cm이다.

39 기둥의 겉넓이

1 답 (1) 5, 12, 30 (2) 30 (3) 300 (4) 360

2 답 (1) 3, 4, 14 (2) 12 (3) 70 (4) 94

3 답 (1) 3, 6π, 10 (2) 9π (3) 60π (4) 78π

4 답 $162\,\text{cm}^2$

(밑넓이)$=\dfrac{1}{2}\times(3+6)\times4=18(\text{cm}^2)$

(옆넓이)$=(4+6+5+3)\times7=126(\text{cm}^2)$

$\therefore$ (겉넓이)$=18\times2+126=162(\text{cm}^2)$

5 답 ④

(밑넓이)$=\pi\times4^2=16\pi(\text{cm}^2)$

(옆넓이)$=(2\pi\times4)\times9=72\pi(\text{cm}^2)$

$\therefore$ (겉넓이)$=16\pi\times2+72\pi=104\pi(\text{cm}^2)$

40 기둥의 부피

1 답 (1) 180 (2) 100π

2 답 (1) 24, 9, 216 (2) 16, 7, 112 (3) 25π, 7, 175π
(4) 3, 6, 18 (5) 24, 8, 192 (6) 36π, 8, 288π

3 답 ③

(밑넓이)$=\dfrac{1}{2}\times(5+9)\times3=21(\text{cm}^2)$

$\therefore$ (부피)$=21\times5=105(\text{cm}^3)$

4 답 $180\,\text{cm}^3$

주어진 오각형을 오른쪽 그림과 같
이 삼각형과 직사각형으로 나누면

(밑넓이)$=\left(\dfrac{1}{2}\times8\times3\right)+(8\times3)$
$=36(\text{cm}^2)$

$\therefore$ (부피)$=36\times5=180(\text{cm}^3)$

3 cm 　 3 cm 　 3 cm
3 cm
8 cm

5 답 $64\pi\,\text{cm}^3$

(밑넓이)$=(\pi\times4^2)\times\dfrac{1}{2}=8\pi(\text{cm}^2)$

$\therefore$ (부피)$=8\pi\times8=64\pi(\text{cm}^3)$

41 뿔의 겉넓이

1 답 (1) 6, 4 (2) 16 (3) 48 (4) 64

2 답 (1) 5, 6π, 3 (2) 9π (3) 15π (4) 24π

3 답 ③

(밑넓이)$=\pi\times6^2=36\pi(\text{cm}^2)$

(옆넓이)$=\dfrac{1}{2}\times15\times(2\pi\times6)=90\pi(\text{cm}^2)$

$\therefore$ (겉넓이)$=36\pi+90\pi=126\pi(\text{cm}^2)$

4 답 $65\,\text{cm}^2$

(밑넓이)$=5\times5=25(\text{cm}^2)$

(옆넓이)$=\left(\dfrac{1}{2}\times5\times4\right)\times4=40(\text{cm}^2)$

$\therefore$ (겉넓이)$=25+40=65(\text{cm}^2)$

5 답 ②

(밑넓이의 합)$=\pi\times3^2+\pi\times6^2=9\pi+36\pi=45\pi(\text{cm}^2)$

(옆넓이)$=\dfrac{1}{2}\times10\times(2\pi\times6)-\dfrac{1}{2}\times5\times(2\pi\times3)$
$=60\pi-15\pi=45\pi(\text{cm}^2)$

$\therefore$ (겉넓이)$=45\pi+45\pi=90\pi(\text{cm}^2)$

42 뿔의 부피

1 답 (1) 110 (2) 48π

2 답 (1) 30, 7, 70 (2) 9π, 8, 24π (3) 20, 6, 40
(4) 36π, 7, 84π (5) 28, 12, 112 (6) 16π, 6, 32π

3 답 $63\pi\,\text{cm}^3$

(부피)$=$(원뿔의 부피)$+$(원기둥의 부피)
$=\dfrac{1}{3}\times(\pi\times3^2)\times3+(\pi\times3^2)\times6$
$=9\pi+54\pi=63\pi(\text{cm}^3)$

4 답 $312\,\text{cm}^3$

(부피)$=$(큰 각뿔의 부피)$-$(작은 각뿔의 부피)
$=\dfrac{1}{3}\times(10\times10)\times(4+6)-\dfrac{1}{3}\times(4\times4)\times4$
$=\dfrac{1000}{3}-\dfrac{64}{3}=\dfrac{936}{3}=312(\text{cm}^3)$

5 답 9 cm

원뿔의 높이를 h cm라 하면

$\frac{1}{3} \times (\pi \times 2^2) \times h = 12\pi$ ∴ $h = 9$

따라서 구하는 원뿔의 높이는 9 cm이다.

---

43 구의 겉넓이

1 답 (1) 2^2, 16π (2) 196π (3) 64π (4) 100π

2 답 (1) 4π, 12π (2) 300π (3) 108π (4) 243π

3 답 ①

구의 반지름의 길이를 r cm라 하면

$\pi r^2 = 16\pi$, $r^2 = 16$ ∴ $r = 4$

∴ (겉넓이) $= 4\pi \times 4^2 = 64\pi (\text{cm}^2)$

4 답 115π cm²

(반구 부분의 겉넓이) $= \frac{1}{2} \times (4\pi \times 5^2) = 50\pi (\text{cm}^2)$

(원뿔의 옆넓이) $= \frac{1}{2} \times 13 \times (2\pi \times 5) = 65\pi (\text{cm}^2)$

∴ (겉넓이) $=$ (반구 부분의 겉넓이) $+$ (원뿔의 옆넓이)

$= 50\pi + 65\pi = 115\pi (\text{cm}^2)$

5 답 68π cm²

(겉넓이) $=$ (남아 있는 구의 겉넓이) $+$ (잘린 단면의 넓이)

$= \frac{7}{8} \times (4\pi \times 4^2) + \left(\pi \times 4^2 \times \frac{90}{360} \right) \times 3$

$= 56\pi + 12\pi = 68\pi (\text{cm}^2)$

---

44 구의 부피

1 답 (1) 2^3, $\frac{32}{3}\pi$ (2) 972π (3) 36π (4) 288π

2 답 (1) $\frac{256}{3}\pi$, $\frac{128}{3}\pi$ (2) 144π (3) $\frac{250}{3}\pi$ (4) $\frac{1024}{3}\pi$

3 답 132π cm³

(부피) $=$ (원뿔의 부피) $+$ (원기둥의 부피) $+$ (반구의 부피)

$= \left\{ \frac{1}{3} \times (\pi \times 3^2) \times 8 \right\} + (\pi \times 3^2) \times 10 + \frac{1}{2} \times \left(\frac{4}{3}\pi \times 3^3 \right)$

$= 24\pi + 90\pi + 18\pi = 132\pi (\text{cm}^3)$

---

4 답 144π cm³

주어진 평면도형을 직선 l을 회전축으로 하여 1회전 시킬 때 생기는 회전체는 오른쪽 그림과 같은 반구이다.

∴ (반구의 부피) $= \frac{1}{2} \times \frac{4}{3}\pi \times 6^3$

$= 144\pi (\text{cm}^3)$

5 답 27π cm³

잘라 낸 부분은 구의 $\frac{1}{4}$이므로 남아 있는 부분은 구의 $\frac{3}{4}$이다.

∴ (부피) $= \frac{3}{4} \times$ (구의 부피) $= \frac{3}{4} \times \left(\frac{4}{3}\pi \times 3^3 \right) = 27\pi (\text{cm}^3)$

---

45 줄기와 잎 그림

1 답 (1) 25세, 46세

(2)   (2|5는 25세)

줄기	잎
2	5 6 7 7
3	1 1 2 3 7 8
4	0 6

2 답 (1) 135 cm, 164 cm

(2)   (13|5는 135 cm)

줄기	잎
13	5 6 8 9
14	0 1 2 7 7 7
15	0 1 6
16	2 4

3 답 (1) 2, 4 (2) 1, 2, 5, 6, 6, 8
(3) 6명 (4) 48시간

4 답 (1)

                                   (2|2는 22점)

줄기	잎
2	2 4 8
3	2 4 5 7
4	3 3 3 6 8 9
5	1 1 3 7 9
6	0 1

(2) 11명 (3) 3명 (4) 59점

(2) 점수가 35점 이상 55점 미만인 학생 수는

35점, 37점, 43점, 43점, 43점, 46점, 48점, 49점, 51점, 51점, 53점의 11명이다.

(3) 점수가 30점 미만인 학생 수는 22점, 24점, 28점의 3명이다.

(4) 점수가 좋은 학생의 점수부터 차례로 나열하면
61점, 60점, 59점, …
따라서 점수가 좋은 쪽에서 3번째인 학생의 점수는 59점이다.

5 답 ⑤

① 잎이 가장 많은 줄기는 2이다.
② 통학 시간이 30분 이상인 학생은 13명이다.
③ 통학 시간이 가장 짧은 학생의 통학 시간은 7분이고 가장 긴 학생의 통학 시간은 49분이므로 그 차는
$49-7=42$(분)
④ 통학 시간이 35분보다 긴 학생은 9명이다.
⑤ 전체 학생 수는 30명이고 통학 시간이 20분 이상 30분 미만인 학생은 9명이므로 전체의
$\frac{9}{30}\times100=30(\%)$이다.
따라서 옳은 것은 ⑤이다.

46 도수분포표 (1)

1 답 (1) 61점, 97점

(2)

국어 점수(점)	학생 수(명)	
60^{이상} ~ 70^{미만}	///	3
70 ~ 80	////// //	7
80 ~ 90	/////	5
90 ~ 100	/	1
합계		16

2 답 (1) 30명

(2)

봉사 활동 시간(시간)	학생 수(명)
0^{이상} ~ 4^{미만}	2
4 ~ 8	9
8 ~ 12	11
12 ~ 16	4
16 ~ 20	1
합계	30

3 답 (1) 10초, 5개 (2) 20초 이상 30초 미만
(3) 10초 이상 20초 미만 (4) 10명

4 답 (1) 2권 (2) 8권 이상 10권 미만 (3) 20명
(4) 4권 이상 6권 미만
(1) 계급의 크기는
$2-0=4-2=6-4=8-6=10-8=2$(권)

(2) 도수가 가장 작은 계급은 도수가 1명인 8권 이상 10권 미만이다.
(3) 읽은 책의 권수가 0권 이상 2권 미만인 학생 수는 3명, 2권 이상 4권 미만인 학생 수는 17명이므로 읽은 책의 권수가 4권 미만인 학생 수는 $3+17=20$(명)
(4) 읽은 책의 권수가 8권 이상인 학생 수는 1명이고, 6권 이상인 학생 수는 $1+6=7$(명), 4권 이상인 학생 수는 $5+7=12$(명)이므로 책을 8번째로 많이 읽은 학생이 속하는 계급은 4권 이상 6권 미만이다.

5 답 ⑤

⑤ 스마트폰 사용 시간이 20분 미만인 학생 수는 3명, 40분 미만인 학생 수는 $3+6=9$(명)이므로 스마트폰 사용 시간이 5번째로 짧은 학생이 속하는 계급은 20분 이상 40분 미만이다.
따라서 이 계급의 도수는 6명이다.

47 도수분포표 (2)

1 답 (1) 6 (2) 10명 (3) 20분 이상 30분 미만 (4) 13명

2 답 (1) 20명 (2) 7명 (3) 35 % (4) 20 %

3 답 ⑤

① $A=30-(1+9+4+7+3)=6$
② 계급의 크기는
$100-80=120-100=\cdots=200-180=20$(g)이다.
③ 도수가 가장 큰 계급은 도수가 9개인 120 g 이상 140 g 미만이다.
④ 무게가 160 g 이상인 사과의 개수는 $7+3=10$(개)
⑤ 무게가 100 g 미만인 사과의 개수는 1개, 120 g 미만인 사과의 개수는 $1+6=7$(개)이므로 무게가 5번째로 가벼운 사과가 속하는 계급은 100 g 이상 120 g 미만이다.
따라서 옳은 것은 ⑤이다.

4 답 (1) 8명 (2) 40 %

(1) 독서 시간이 4시간 이상 6시간 미만인 학생 수는
$30-(7+9+4+2)=8$(명)
(2) 독서 시간이 4시간 이상 6시간 미만인 학생 수는 8명, 6시간 이상 8시간 미만인 학생 수는 4명이다.
즉, 독서 시간이 4시간 이상 8시간 미만인 학생 수는
$8+4=12$(명)이므로
전체의 $\frac{12}{30}\times100=40(\%)$이다.

48 히스토그램

1 답

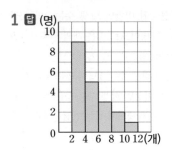

2 답

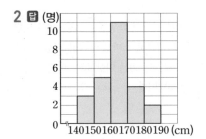

3 답 (1) 10점, 5개　(2) 35명　(3) 80점 이상 90점 미만　(4) 5명

4 답 (1) 40명　(2) 20시간 이상 25시간 미만
　　(3) 37.5 %　(4) 200

(1) 전체 학생 수는
　　$3+6+9+11+7+4=40$(명)
(2) 도수가 가장 큰 계급은 도수가 11명인 20시간 이상 25시간
　　미만이다.
(3) 등산 시간이 10시간 이상 15시간 미만인 학생 수는 6명, 15
　　시간 이상 20시간 미만인 학생 수는 9명이다.
　　따라서 등산 시간이 10시간 이상 20시간 미만인 학생 수는
　　$6+9=15$(명)이므로 전체의 $\dfrac{15}{40}\times100=37.5$(%)이다.
(4) (직사각형의 넓이의 합)=(계급의 크기)×(도수의 총합)
　　　　　　　　　　　　$=(10-5)\times40=200$

5 답 ⑤
① 계급의 크기는
　　$45-30=60-45=\cdots=120-105=15$(점)
② 전체 학생 수는
　　$3+4+7+10+6+2=32$(명)
③ 도수가 가장 작은 계급은 도수가 2명인 105점 이상 120점 미만
　　이다.
④ 볼링 점수가 105점 이상인 학생 수는 2명, 90점 이상인 학생
　　수는 2+6=8(명)이므로 전체의
　　$\dfrac{8}{32}\times100=25$(%)이다.

⑤ 볼링 점수가 45점 미만인 학생 수는 3명, 60점 미만인 학생
　　수는 3+4=7(명)이므로 볼링 점수가 7번째로 낮은 학생이
　　속하는 계급은 45점 이상 60점 미만이다.
따라서 옳지 않은 것은 ⑤이다.

49 도수분포다각형

1 답

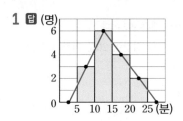

2 답

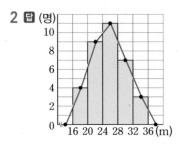

3 답 (1) 4회, 6개　(2) 27명　(3) 30회 이상 34회 미만　(4) 4명

4 답 (1) 11명　(2) 5명　(3) 70 %　(4) 300

(1) 도수가 가장 큰 계급은 도수가 11명인 70점 이상 80점 미만
　　인 계급이고 그 계급의 학생 수는 11명이다.
(2) 80점 이상 90점 미만인 계급의 도수는 5명이다.
(3) 전체 학생 수는 $1+2+8+11+5+3=30$(명)이고, 국어 점
　　수가 50점 이상 80점 미만인 학생 수는 $2+8+11=21$(명)
　　이므로 전체의
　　$\dfrac{21}{30}\times100=70$(%)이다.
(4) 도수분포다각형과 가로축으로 둘러싸인 부분의 넓이는 히스
　　토그램의 각 직사각형의 넓이의 합과 같으므로
　　(히스토그램의 각 직사각형의 넓이의 합)
　　　＝(계급의 크기)×(도수의 총합)
　　　＝$(50-40)\times30=300$

5 답 ⑤
① 계급의 개수는 14초 이상 15초 미만, 15초 이상 16초 미만,
　　16초 이상 17초 미만, 17초 이상 18초 미만, 18초 이상 19초
　　미만, 19초 이상 20초 미만, 20초 이상 21초 미만의 7개이다.
② 계급의 크기는
　　$15-14=16-15=17-16=\cdots=21-20=1$(초)

③ 전체 학생 수는 $1+3+7+13+8+5+3=40$(명)이고, 기록이 18초 이상인 학생 수는 $8+5+3=16$(명)이므로 전체의 $\frac{16}{40}\times100=40(\%)$이다.

④ 도수가 가장 큰 계급은 도수가 13명인 17초 이상 18초 미만이다.

⑤ 기록이 15초 미만인 학생 수는 1명, 16초 미만인 학생 수는 $1+3=4$(명), 17초 미만인 학생 수는 $4+7=11$(명)이므로 달리기를 5번째로 잘하는 학생이 속하는 계급은 16초 이상 17초 미만이다.

따라서 옳지 않은 것은 ⑤이다.

🌀 상대도수

1 답 (1)

책의 권수(권)	도수(명)	상대도수
5^{이상} ~ 10^{미만}	2	0.1
10 ~ 15	4	0.2
15 ~ 20	9	0.45
20 ~ 25	3	0.15
25 ~ 30	2	0.1
합계	20	1

(2) 1

2 답 (1)

수학 점수(점)	도수(명)	상대도수
50^{이상} ~ 60^{미만}	13	0.26
60 ~ 70	17	0.34
70 ~ 80	9	0.18
80 ~ 90	4	0.08
90 ~ 100	7	0.14
합계	50	1

(2) 60점 이상 70점 미만

3 답 (1) 1, 1 (2) 2, 20 (3) 20, 5 (4) 20, 5, 3

(5)

기록(초)	도수(명)	상대도수
12^{이상} ~ 13^{미만}	1	$\frac{1}{20}=0.05$
13 ~ 14	5	0.25
14 ~ 15	6	$\frac{6}{20}=0.3$
15 ~ 16	3	$\frac{3}{20}=0.15$
16 ~ 17	3	$\frac{3}{20}=0.15$
17 ~ 18	2	0.1
합계	20	1

4 답 (1) $A=0.2$, $B=14$, $C=0.25$, $D=2$, $E=1$
　　　(2) 55 %

(1) 60점 이상 70점 미만인 계급의 도수가 8명이므로
$$A=\frac{8}{40}=0.2$$
70점 이상 80점 미만인 계급의 상대도수가 0.35이므로
$$B=40\times0.35=14$$
80점 이상 90점 미만인 계급의 도수가 10명이므로
$$C=\frac{10}{40}=0.25$$
90점 이상 100점 미만인 계급의 상대도수가 0.05이므로
$$D=40\times0.05=2$$
상대도수의 총합은 항상 1이므로 $E=1$

(2) 60점 이상 80점 미만인 계급의 상대도수의 합이
$$0.2+0.35=0.55$$
따라서 영어 점수가 60점 이상 80점 미만인 학생은 전체의 $0.55\times100=55(\%)$이다.

5 답 (1) $A=15$, $B=21$, $C=0.42$, $D=50$, $E=1$
　　　(2) 60 %

(1) 10분 이상 20분 미만인 계급의 도수가 9명이고, 상대도수가 0.18이므로
$$D=\frac{9}{0.18}=50$$
0분 이상 10분 미만인 계급의 상대도수가 0.3이므로
$$A=50\times0.3=15$$
도수의 총합이 50명이므로
$$B=50-(15+9+4+1)=21$$
20분 이상 30분 미만인 계급의 도수가 21명이므로
$$C=\frac{21}{50}=0.42$$
상대도수의 총합은 항상 1이므로 $E=1$

(2) 10분 이상 30분 미만인 계급의 상대도수의 합이
$$0.18+0.42=0.6$$
따라서 등교 시간이 10분 이상 30분 미만인 학생은 전체의 $0.6\times100=60(\%)$이다.

🌀 상대도수의 분포를 나타낸 그래프

1 답

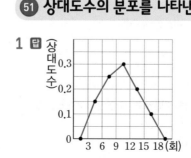

2 답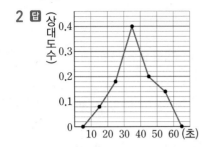

3 답 (1) 165 cm 이상 170 cm 미만,
150 cm 이상 155 cm 미만
(2) 165 cm 이상 170 cm 미만,
150 cm 이상 155 cm 미만
(3) 0.18
(4) 9명
(5) 22 %

4 답 (1) 0.18 (2) 36명

(1) 1시간 이상 2시간 미만인 계급의 상대도수는 0.06, 2시간 이상 3시간 미만인 계급의 상대도수는 0.12이다.
따라서 1시간 이상 3시간 미만인 계급의 상대도수의 합은
0.06+0.12=0.18
(2) 1시간 이상 3시간 미만인 계급의 상대도수의 합은 0.18이므로
200×0.18=36(명)

5 답 ④

① 계급의 크기는
10−5=15−10=⋯=30−25=5(분)
② 아침 식사 시간이 15분 미만인 계급의 상대도수의 합은
0.04+0.28=0.32이므로 아침 식사 시간이 15분 미만인 학생 수는
50×0.32=16(명)
③ 도수가 가장 큰 계급은 상대도수가 가장 큰 계급인 15분 이상 20분 미만이다.
④ 아침 식사 시간이 20분 이상 30분 미만인 계급의 상대도수의 합은 0.16+0.12=0.28이므로 아침 식사 시간이 20분 이상 30분 미만인 학생은 전체의
0.28×100=28(%)이다.
⑤ 아침 식사 시간이 25분 이상인 계급의 도수는
50×0.12=6(명),
20분 이상인 계급의 도수는
6+50×0.16=14(명)
이므로 아침 식사 시간이 8번째로 긴 학생이 속하는 계급은 20분 이상 25분 미만이다.
따라서 옳지 않은 것은 ④이다.

52 도수의 총합이 다른 두 자료의 비교

1 답 (1)

영어 점수(점)	1학년		2학년	
	도수(명)	상대도수	도수(명)	상대도수
50^{이상} ~ 60^{미만}	30	0.15	30	0.12
60 ~ 70	40	0.2	55	0.22
70 ~ 80	50	0.25	80	0.32
80 ~ 90	60	0.3	75	0.3
90 ~ 100	20	0.1	10	0.04
합계	200	1	250	1

(2) 80점 이상 90점 미만 (3) 60명, 75명
(4) 어떤 계급의 상대도수가 같다고 하여 그 계급의 도수도 같다고 할 수 없다.

2 답 (1) 0.3, 0.2, A (2) B반

3 답 (1) 1시간 이상 2시간 미만, 2시간 이상 3시간 미만,
3시간 이상 4시간 미만
(2) B중학교 (3) 105명, 72명 (4) B중학교

(2) 5시간 이상 6시간 미만인 계급의 상대도수가 B중학교가 A중학교보다 더 크므로 학생의 비율도 B중학교가 A중학교보다 더 높다.
(3) 3시간 이상 4시간 미만인 계급의 상대도수가 A중학교는 0.42, B중학교는 0.24이므로
A중학교에서 독서 시간이 3시간 이상 4시간 미만인 학생 수는
250×0.42=105(명)
B중학교에서 독서 시간이 3시간 이상 4시간 미만인 학생 수는
300×0.24=72(명)
(4) B중학교의 그래프가 A중학교의 그래프보다 전체적으로 오른쪽으로 치우쳐 있으므로 B중학교가 A중학교보다 독서 시간이 대체적으로 더 길다고 할 수 있다.

4 답 ②, ③

② 65 kg 이상 70 kg 미만인 계급의 상대도수는 1학년이 2학년보다 더 크지만 1학년과 2학년 각각의 전체 학생 수를 알 수 없으므로 학생 수가 1학년이 2학년보다 더 많은지 알 수 없다.
③ 2학년 학생 중 75 kg 이상인 계급의 상대도수의 합은 0.14+0.06=0.2이므로 2학년 학생 전체의
0.2×100=20(%)이다.
⑤ 1학년 학생 중 60 kg 미만인 계급의 상대도수의 합은 0.04+0.16=0.2이므로 1학년 전체 학생 수는
$\frac{60}{0.2}$=300(명)
따라서 옳지 않은 것은 ②, ③이다.